高尾山に咲く花

勝山輝男 著
村川博實 写真

有隣堂

【目次】

カタクリ群落

ダンコウバイ

ネジキ

コバノガマズミ

4号路つり橋

【はじめに】

登山やハイキングで名前のわからない花が咲いていると、その場で種名を調べたくなる。山を限った植物図鑑があると、1冊だけリュックに忍ばせておけばすみ便利である。本書では高尾山とその周辺の山々に見られる草花を中心に約550種の植物を掲載した。

本書で扱う山々は小仏山地とも呼ばれ、東京都八王子市と神奈川県相模原市緑区の境界に位置し、多摩川と相模川の分水嶺となっている。これらの山地を作る地層は小仏層群・相模湖層群と呼ばれ、1億年前から3000万年前頃の海に堆積してできた砂岩や頁岩などからなり、海底火山の噴出物に始まる丹沢山地と比べて古い地層から成り立っている。

丹沢と高尾山・小仏山地は隣接する山であるが、そこに生育する植物の種類構成（植物相）には大きな違いがある。丹沢や箱根の山地にはハコネコメツツジなど、他の地域では見ることができない固有植物が多くある。それらのうち、高尾山・小仏山地に分布が及ぶのは、ランヨウアオイ、ヤマホタルブクロ、シバヤナギ、マメザクラなど一部に限られる。

一方、カタクリ、ヒメニラ、キバナノアマナ、フクジュソウ、アズマイチゲなどの春植物、ミツバフウロ、ナツハゼ、マキノスミレ、ラショウモンカズラ、サツキヒナノウスツボ、トリアシショウマ、カメバヒキオコシ、タカオヒゴタイなど、本書で扱った植物のなかには、丹沢や箱根にはなく、神奈川県では小仏山地に分布が限られるものがある。

【高尾山と小仏山地の山々】

武蔵、相模、甲斐の三国の境界は三国峠といわれ、そのすぐ東に生藤山（990m）がある。その東隣の茅丸（1019 m）と連行峰（1013 m）が標高 1000 m をわずかに超える。分水嶺はさらに東南東に続き、醍醐丸（867 m）、和田峠から陣馬山（陣場山　855 m）、景信山（727 m）、城山（670 m）、大垂水峠、南高尾山稜、東高尾山稜の草戸山（364 m）を経て多摩丘陵につながる。城山から東に延びた支尾根にあるのが高尾山（599 m）である。

高尾山は明治の森高尾国定公園、国定公園外の多くは東京都側が都立高尾陣場自然公園、神奈川県側が県立陣馬相模湖自然公園に指定されている。

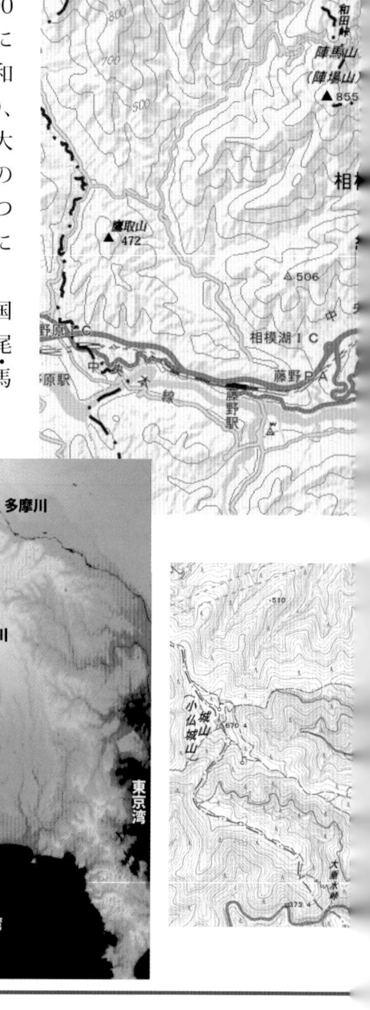

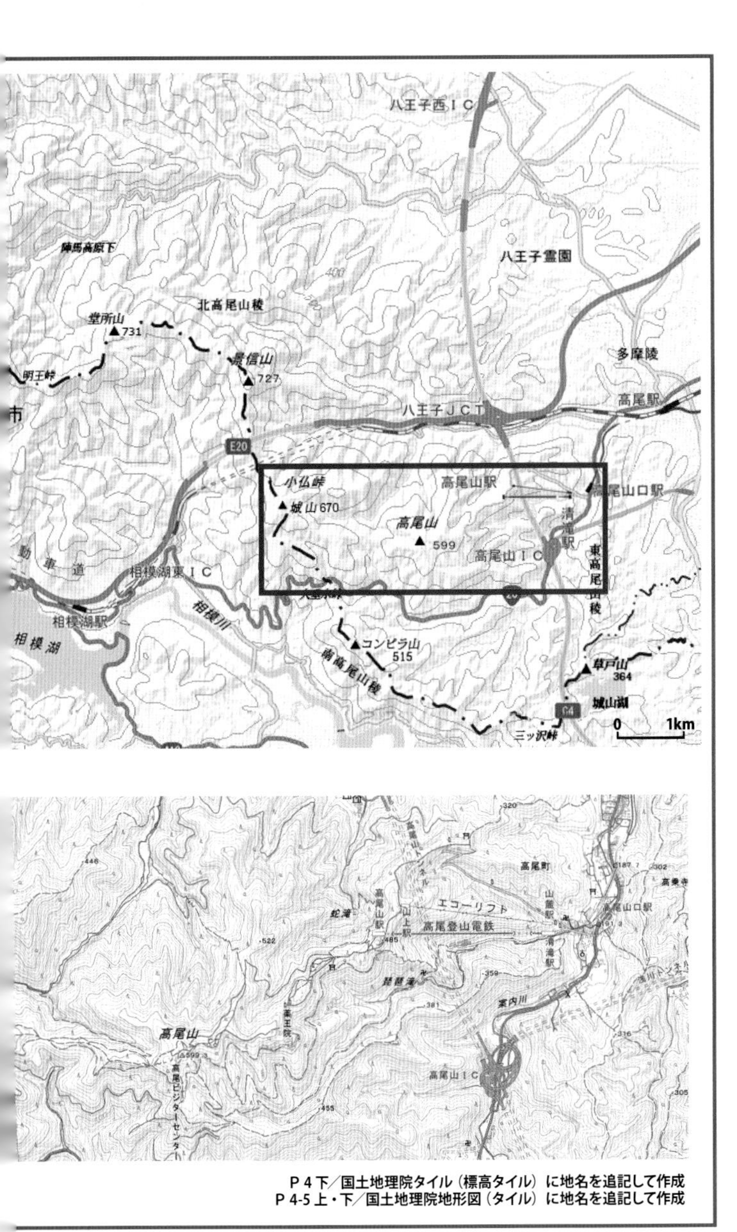

Ｐ４下／国土地理院タイル（標高タイル）に地名を追記して作成
Ｐ4-5上・下／国土地理院地形図（タイル）に地名を追記して作成

【高尾山自然研究路】

高尾山には自然研究路が1号路から6号路まで整備され、稲荷山コース、蛇滝コース、いろはの森コースとあわせて、尾根道、沢沿い、南面、北面など自然観察に絶好のコースである。

稲荷山コース ケーブル清滝駅から南側の尾根を登って山頂に至るコース。雑木林が多く、登り1時間40分ほどかかる。

蛇滝コース 圏央道が横断するあたりからケーブル高尾山駅付近に至るコース。登り口まで小仏川沿いの観察路を利用すれば渓畔林の林床植物を観察できる。蛇滝までは沢沿いの道、蛇滝から上は急登になる。

いろはの森コース 日影沢林道から分かれて4号路と1号路に合流するコース。はじめは沢沿いで途中からモミ林の中の急登になる。

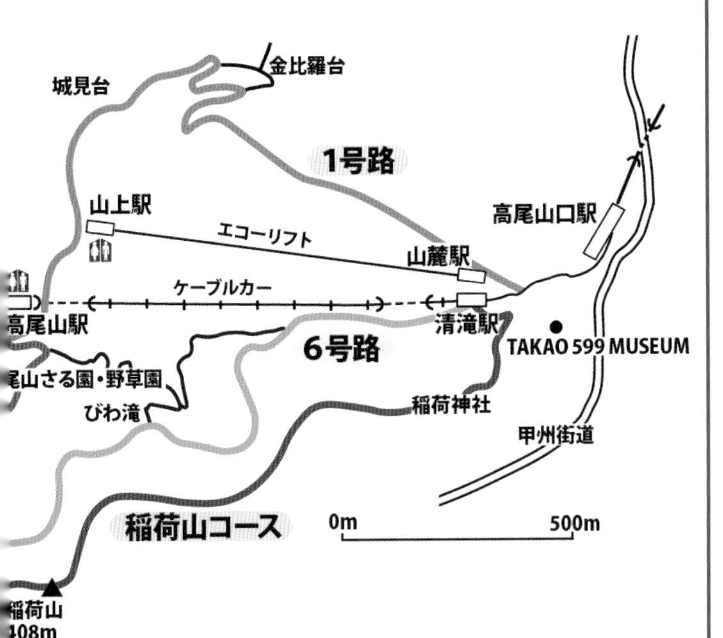

1 号路 ━━ 高尾山のメインストリートにあたるコース。表参道を登って、リフトの山上駅やケーブルの高尾山駅を通り、薬王院を経て山頂に至る。観察に時間を費やさなければ山頂まで登り 1 時間 40 分ほどである。

2 号路 ━━ ケーブル高尾山駅付近で南面と北面を周遊するコース。南斜面のカシ林と北斜面のイヌブナ林を短時間（約 40 分）で観察できる。

3 号路 ━━ 南斜面を巻きながら山頂に至るコース（約 1 時間）。植物の種類も多く、南斜面のカシ林を堪能することができる。

4 号路 ━━ 北面を巻いて山頂に至るコース（約 50 分）。谷を横断するところではイヌブナ林、尾根ではモミ林を観察できる。途中につり橋がある。

5 号路 ━━ 高尾山の山頂を鉢巻き状に 1 周する約 30 分のコース。

6 号路 ━━ びわ滝コースともいわれ、沢沿いに山頂に至るコース。登り 1 時間 40 分ほどかかる。5 月末から 6 月初め頃にスギの大木にセッコクが着生しているのを観察できる。5 月の連休や紅葉の頃には登り専用になることがある。

【本書の使い方】

本書では、高尾山及びその周辺の小仏山地に自生する花を紹介しています。植物を季節の花（草本）、樹木の花（木本／低木・つる性・高木）に分け、さらに原則として開花時期（一部、果実が目立つものは果期）の早い順で並べています。巻末にある索引を利用すると、植物名でも探すことが出来ます。

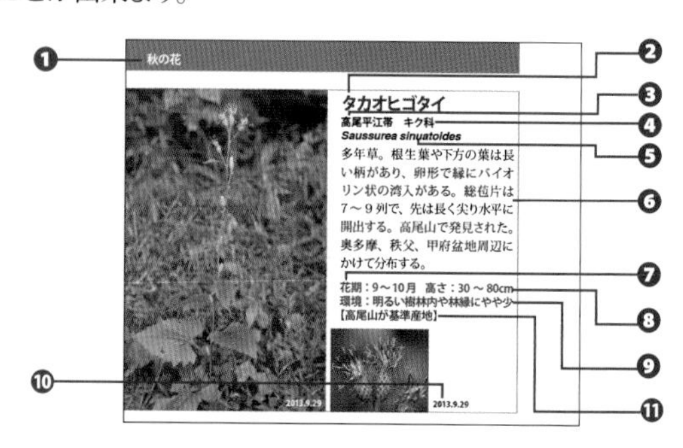

❶ガイド表記：草本・樹木を表記しています。
❷種　名：一般的な名前を表記しています。名前の由来については諸説あります。
❸漢字名：種名を表す漢字表記です。
❹科　名：APG III分類体系に準拠した科名を表記しています。
❺学　名：世界共通で生物の種および分類に付けられる名称です。
❻解説文：花や植物の特徴等を解説しています。
❼花期・果期：高尾山近郊での開花時期です。気候条件や標高などにより前後したり、開花しないこともあります。樹木には果期を表記し、草本では果実の特徴的な一部のみ果期を表記しています。
❽高　さ：草本、樹木の高さです。（つる性木本については「～に登る」と表記しました。）
❾環　境：植物が生息している環境を表しています。「多」「少」「稀」等の表記はその場所における個体数のおおよその目安を表しています。
❿撮影日：西暦・月・日で表記しています。写真は全て高尾山近郊にて実際に撮影したものを使用しています。撮影日にその花が開花していたことを示すものです。
⓫【高尾山が基準産地】：高尾山で採集された標本にもとづいて学名がつけられたものに表記しました。

本書をお使いいただく際に必要な花や葉の図は次ページを、専門用語については、巻末の用語解説を参照してください。

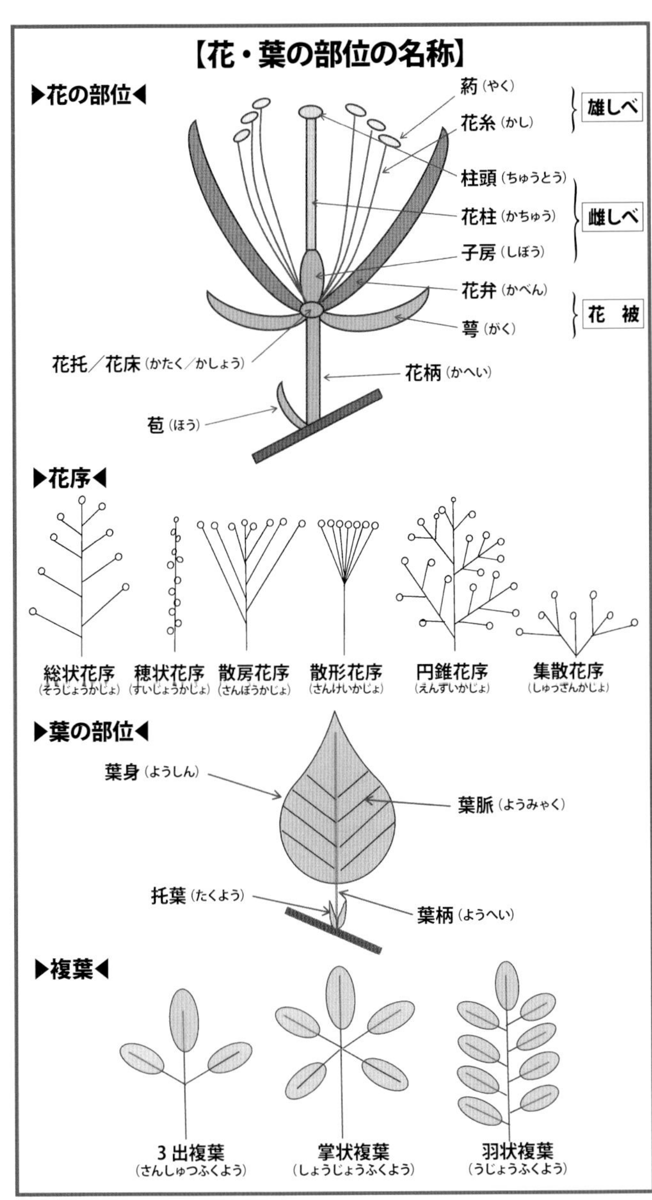
【花・葉の部位の名称】
▶花の部位◀
葯（やく）
花糸（かし）
雄しべ
柱頭（ちゅうとう）
花柱（かちゅう）
子房（しぼう）
雌しべ
花弁（かべん）
萼（がく）
花　被
花托／花床（かたく／かしょう）
花柄（かへい）
苞（ほう）
▶花序◀
総状花序
（そうじょうかじょ）
穂状花序
（すいじょうかじょ）
散房花序
（さんぼうかじょ）
散形花序
（さんけいかじょ）
円錐花序
（えんすいかじょ）
集散花序
（しゅうさんかじょ）
▶葉の部位◀
葉身（ようしん）
葉脈（ようみゃく）
托葉（たくよう）
葉柄（ようへい）
▶複葉◀
3出複葉
（さんしゅつふくよう）
掌状複葉
（しょうじょうふくよう）
羽状複葉
（うじょうふくよう）

春の花

春の彼岸の頃、日中の気温は植物の生育に十分な高さにまで上がる。上層の樹木が葉を広げる前、明るい林床では多くの草本が花を咲かせる。フクジュソウ、カタクリ、アマナ、イチリンソウの仲間、ヤマエンゴサクの仲間などは春植物といわれ、樹木が葉を繁らせる頃には結実し、新緑の季節には地上部は枯れてしまう。スミレの仲間は春の代表的な花であるが、夏にも葉を茂らせているので春植物とはいわない。4月になるとオープンな草地の植物も芽吹き、本格的な花のシーズンを迎える。「春の花」では早春から5月の連休明け頃までに花を咲かせる草本を紹介する。おおむね開花順に配列したが、テンナンショウの仲間やスミレの仲間などは、「春の花」の後ろの方にまとめた。また、シュンランやキンランなどのラン科植物は夏のものとあわせて別に取り上げた。

フクジュソウ

福寿草　キンポウゲ科
Adonis ramosa

多年草。根生葉はなく、茎葉は2～3枚が互生し、3～4回羽状に細かく分裂する。花は黄金色、萼片は暗紫色の卵形で5～8個、花弁は20～30個。

花期：2～3月　高さ：10～30cm
環境：山麓の落葉樹林内に稀

カタクリ

片栗　ユリ科
Erythronium japonicum

多年草。上層木の葉が繁る頃には結実して葉は枯れる。種子には栄養に富んだ付属物（エライオソーム）があり、アリにより土中に運ばれる。

花期：3～4月
高さ：20～30cm
環境：落葉樹林内に稀

アマナ
甘菜　ユリ科
Tulipa edulis

多年草で地下に鱗茎がある。葉は線形で2個が根生、花茎の先に1花がつく。苞は線形で2個、花被片は披針形鈍頭で6個で白色、紫色の脈がある。

花期：3～4月　高さ：5～10cm
環境：山麓の土手や明るい落葉樹林内に少

2014.3.29

キバナノアマナ
黄花の甘菜　ユリ科
Gagea nakaiana

多年草で地下に鱗茎をもつ。根生葉は1個、偏平で粉白を帯び幅5～7mm。花は晴れた日に咲き、花茎の先に3～10個の黄色花をつけ、花序の基部に2個の苞がある。

花期：3～4月　高さ：10～20cm
環境：山麓の落葉樹林内に稀

2013.3.22

ヒメニラ
姫韮　ヒガンバナ科
Allium monanthum

多年草。全体にニラ臭がある。地下に鱗茎があり、根生葉は1～2個。雌雄異株。花序の基部に膜質の苞が1個ある。花は長さ4～5mmで平開しない。

花期：3～4月
高さ：10～20cm
環境：山麓の落葉樹林内に稀

2013.3.22

2013.4.5

ジロボウエンゴサク

次郎坊延胡索　ケシ科

Corydalis decumbens

多年草。地下にある球形の塊茎から直接花茎と根生葉が出る。根生葉は２～３回３出複葉で、小葉は2～3に深く裂ける。花は淡紅紫色で苞に切れ込みがない。

花期：3～4月
高さ：10～20cm
環境：山麓の落葉樹林内に多

2013.4.5

ヤマエンゴサク

山延胡索　ケシ科

Corydalis lineariloba

多年草。塊茎から１個の茎が出て、最初につける葉は鱗片状で、その腋に根生葉と花茎をつける。根生葉は２～３回３出複葉。花は淡紫色で苞に切れ込みがある。

花期：3～4月
高さ：10～20cm
環境：山麓の落葉樹林内に少

2015.4.22

ムラサキケマン

紫華鬘　ケシ科

Corydalis incisa

越年草で塊茎はない。茎葉は多数あり、２回３出複葉で、小葉は羽状に裂ける。総状花序に紅紫色花を多数つける。花が白いものをシロヤブケマンという。

花期：4月
高さ：20～50cm
環境：山麓の土手や落葉広葉樹林内に多

アズマイチゲ

東一華　キンポウゲ科

Anemone raddeana

多年草。根生葉は長い柄があり、2回3出複葉で小葉はさらに分裂する。茎葉は3個輪生し、3出複葉で柄は鞘状に広がらず、小葉は深い切れ込みがない。

花期：3～4月
高さ：10～20cm
環境：山麓の明るい落葉広葉樹林内に少

2013.3.22

キクザキイチゲ

菊咲一華　キンポウゲ科

Anemone pseudoaltaica

多年草。根生葉は2～3回3出複葉で小葉は羽状に深裂する。茎葉は3個輪生し、鞘状に広がった柄があり、小葉は深く切れ込む。花弁状の萼片は8～15枚。

花期：3～4月
高さ：10～30cm
環境：明るい落葉広葉樹林内に稀

2014.3.12

イチリンソウ

一輪草　キンポウゲ科

Anemone nikoensis

多年草。根生葉は1～2回3出複葉。茎葉は3個輪生し、柄があり、3全裂する。花はふつう1個つけ、径3～5cm、花弁状の萼片は楕円形で5～6枚。

花期：4～5月
高さ：15～30cm
環境：明るい落葉広葉樹林内に少

2013.4.4

2012.4.30

ニリンソウ

二輪草　キンポウゲ科

Anemone flaccida

多年草。根生葉は1～6個、長い柄があり3全裂する。茎葉は3個輪生し、無柄で深い切れ込みがある。花はふつう2個つけ、径1～3cm、花弁状の萼片は5枚。

花期：4～5月
高さ：15～30cm
環境：沢沿いの落葉広葉樹林内に多

2014.3.28

ハナネコノメ

花猫の目　ユキノシタ科

Chrysosplenium album* var. *stamineum

走出枝はよく伸びる。葉は対生し、茎や葉に軟毛がある。花弁はなく、4個の萼片は白色、雄しべの葯は紅色。

花期：3～4月
高さ：5～10cm
環境：沢沿いの湿った岩上などに多

2017.4.14

ネコノメソウ

猫の目草　ユキノシタ科

Chrysosplenium grayanum

走出枝はよく伸びる。葉は対生し、葉腋を除き毛はない。花弁はなく、萼片や苞葉は黄色で、雄しべは萼片より短い。

花期：3～4月
高さ：5～20cm
環境：沢沿いの湿地や流水縁に多

ヤマネコノメ

山猫の目　ユキノシタ科

Chrysosplenium japonicum

走出枝は出さず、花後、根元に毛のあるむかごをつくる。葉は互生し、茎や葉は有毛。花弁はなく、萼片や苞葉は黄緑色。

花期：3～4月
高さ：10～20cm
環境：沢沿いの湿った樹林内に多

果実　2015.4.18

2016.3.26

ツルネコノメソウ

蔓猫の目草　ユキノシタ科

Chrysosplenium flagelliferum

地上に走出枝を出し、その先に新芽をつける。葉は互生し、茎や葉は無毛。花弁はなく、萼片や苞葉は黄色。

花期：4～5月
高さ：5～15cm
環境：沢沿いの湿地や流水縁に稀

2001.6.17

ヨゴレネコノメ

汚れ猫の目　ユキノシタ科

Chrysosplenium macrostemon* var. *atrandrum

走出枝はよく伸びる。葉は対生し、緑白色、黄緑色、濃緑色と変化があり、ときに赤みを帯びる。雄しべは萼片より長く、葯は暗紅色。

花期：3～4月
高さ：5～15cm
環境：沢沿いの湿地や流水縁に多

2011.3.30

2013.4.1

フキ

蕗　キク科

Petasites japonicus

多年草。根生葉の葉柄は長く、春の軟らかいものは山菜にされる。雌雄異株。花茎の若芽が「蕗の薹」で、雌株は花後に伸長して高さ50cm以上になる。

花期：3～4月
高さ：30～70cm
環境：崩壊地や林縁などに多

2013.4.5

セントウソウ

仙洞草　セリ科

Chamaele decumbens

多年草。ほとんど根生葉のみで、葉身は2～3回羽状に切れ込み、葉柄基部は広がって鞘となる。散形花序の柄は不同長で総苞、小総苞、萼はない。

花期：3～4月
高さ：10～30cm
環境：沢沿いの路傍や樹林内に多

2013.4.5
2016.3.26

コチャルメルソウ

小哨吶草　ユキノシタ科

Mitella pauciflora

多年草。葉は卵円形で5浅裂し、粗い毛がある。花は両性で淡黄緑色、花弁は羽状に裂ける。裂開した果実の先が開き、これをラーメン屋のラッパに見立てた。

花期：3～4月
高さ：20～40cm
環境：沢沿いの湿った樹林内に多

カントウミヤマカタバミ

関東深山片喰　カタバミ科

Oxalis griffithii* var. *kantoensis

多年草。地下茎は肥大し、古い葉柄の基部が残存する。葉は逆３角形の３小葉からなり、小葉の先は浅く凹む。花茎の先に白色花を１個つける。

花期：3～4月
高さ：7～20cm
環境：沢沿いの湿った樹林内に多

2013.4.5

ユリワサビ

百合山葵　アブラナ科

Eutrema tenue

多年草。根生葉は葉柄が長く、径２～4cmの円心形で波状の鋸歯がある。有花茎は倒れやすく、小さい葉を互生する。花は白色の４弁花。ワサビに似た辛味がある。

花期：3～4月　高さ：10～30cm
環境：沢沿いの湿った樹林内に多

2016.3.26

マルバコンロンソウ

円葉崑崙草　アブラナ科

Cardamine tanakae

越年草。茎、葉、花柄、果実などに毛が多い。茎葉は２～３対の小葉をもつ羽状複葉で、頂小葉は円形で側小葉よりも大きい。

花期：3～4月
高さ：7～20cm
環境：沢沿いの湿った樹林内に多

2016.4.6

2013.4.5

トウゴクサバノオ

東国鯖の尾　キンポウゲ科

Dichocarpum trachyspermum

多年草。地下茎は発達せず走出枝もない。根生葉があり、茎葉は対生する。花は全開せず、径6～8mmの淡黄色。水平に開いた果実を鯖の尾に見立てた。

花期：3～4月
高さ：10～20cm
環境：沢沿いの湿った樹林内に少

果実　2013.6.4

2012.4.13

ヤマルリソウ

山瑠璃草　ムラサキ科

Nihon japonicum

多年草。根生葉は茎葉よりも大きく、倒披針形で多数ある。有花茎は斜上し、開出した白毛があり、花序はふつう分岐しない。花冠は淡青紫色で径約1cm。

花期：3～5月
高さ：10～20cm
環境：沢沿いの湿った斜面に多

2012.4.13

レンプクソウ

連福草　ガマズミ科

Adoxa moschatellina

多年草。根生葉は長い柄があり、1～2回3出複葉。茎葉は2個が対生する。花は両性で黄緑色、頂生の花は4数性で、側生する花は5数性ときに6数性。

花期：3～5月
高さ：8～15cm
環境：沢沿いの湿った斜面にやや稀

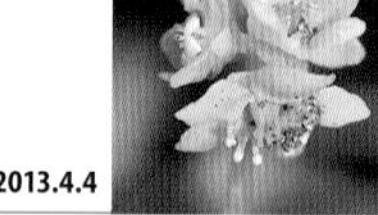
2013.4.4

2013.4.4

ツルカノコソウ

蔓鹿の子草　スイカズラ科

Valeriana flaccidissima

多年草。花後に走出枝をのばして新苗ができる。茎葉は対生し、羽状に裂ける。茎頂に散房花序をつけ、わずかに赤みを帯びた小さな白色花を多数つけ、花後に萼が伸びて冠毛状になる。

花期：3～5月
高さ：20～40cm
環境：沢沿いの湿った樹林内に多

2013.4.4

2014.4.5

ヒメウズ

姫烏頭　キンポウゲ科

Semiaquilegia adoxoides

多年草で塊茎がある。根生葉があり、茎葉は互生し、ともに3出複葉。花は白色～淡紅色で径約5mm、萼片は5個で花弁状、花弁は5個で基部に短い距がある。

花期：3～5月
高さ：15～40cm
環境：山麓の土手や草地に多

2014.3.29

2014.4.9

ワダソウ

和田草　ナデシコ科

Pseudostellaria heterophylla

小型の多年草。根はさつま芋状に肥厚し、茎は分岐せず、2列の短毛が生える。下方の葉は披針形で対生し、上方の葉は広卵形で4枚が輪生状になる。花は白色で1～5個が頂生。

花期：3～4月
高さ：15～40cm
環境：山麓の土手や草地に稀

カントウタンポポ

関東蒲公英　キク科

Taraxacum platycarpum

冬緑性の多年草で、夏には葉が枯れる。葉は根生葉のみで、多数の花茎をのばして黄色の頭花を１個つける。総苞外片は花時に反り返らず、先端に角状の突起がある。

花期：3 ～ 4 月
高さ：15 ～ 30cm
環境：山麓の土手や草地に多

セイヨウタンポポ
2014.4.17

2014.4.17

2014.4.17

オニタビラコ

鬼田平子　キク科

Youngia japonica

２年草で１株から有花茎が１本だけ立ち上がり茎葉が目立つアカオニタビラコ subsp. *elstonii* と、多年草で有花茎は根本から同じような太さのものが２～４本でるアオオニタビラコ subsp. *japonica* に分けられる。写真はアカオニタビラコ。

花期：3 ～ 5 月
高さ：20 ～ 80cm
環境：山麓の土手や林縁に多

アカオニタビラコ　2016.4.16

2011.4.30

秋の閉鎖花
2012.10.10

センボンヤリ

千本槍　キク科

Leibnitzia anandria

多年草。葉は根生葉のみで下面は白色。春の頭花は開花し、白色～淡紫色の舌状花をつける。秋の頭花は筒状花のみをつけ、開花せずに淡褐色の冠毛をもつ果実ができる。

花期：4～5月、9～10月
高さ：春は5～10cm
**　　　秋は30～60cm**
環境：日当たりの良い草地に多

2014.4.15

ミヤマキケマン

深山黄華鬘　ケシ科

Corydalis pallida* var. *tenuis

越年草。茎葉は互生し、粉白を帯び、羽状複葉で小葉はさらに分裂する。茎頂に総状花序をつけ、多数の淡黄色花をつける。果実は著しく数珠状にくびれる。

花期：4～5月
高さ：15～50cm
環境：谷筋の砂礫地やガレ場などに多

セリバヒエンソウ

芹葉飛燕草　キンポウゲ科

Delphinium anthriscifolium

中国原産の1年草で明治時代に渡来した。葉は長い柄があって互生し、葉身は3全裂し、各裂片はさらに羽状に深く裂ける。花は淡紫色、萼片5個は花弁状、上側の1片は後端が筒状の長い距となる。花弁4個は萼片よりも短い。

花期：4～5月
高さ：15～40cm
環境：山麓の林縁や路傍に多

2015.4.16

イカリソウ

錨草　メギ科

Epimedium grandiflorum* var. *thunbergianum

多年草。少数の根生葉と1～2個の茎葉が互生し、2回3出複葉で、小葉基部は心形、縁には針状の鋸歯がある。花は紅紫色、外側の萼片4個は小型で早落し、内側の4個は花弁状。花弁は4個で基部が距になる。

花期：4～5月
高さ：30～50cm
環境：明るい落葉広葉樹林や林縁にやや多

2015.4.22

2015.4.28

フデリンドウ

筆竜胆　リンドウ科

Gentiana zollingeri

越年草。葉は対生し、根生葉は茎葉より小さく、枝は上部で分枝する。萼裂片は広披針形でしだいに尖り、そり返らない。花は青紫色でつぼみを筆に見立てた。

花期：4～5月
高さ：5～10cm
環境：明るい樹林内や草地に多

2014.4.22

ホタルカズラ

蛍葛　ムラサキ科

Lithospermum zollingeri

多年草。花後に匐枝を出し、翌年の花枝をつける。葉は互生し基部が盤状の開出粗毛を密生する。花冠は径15～18mm、裂片の中肋に沿って5本の白色隆起がある。

花期：4～5月　高さ：15～25cm
環境：明るい樹林内や林縁に多

2012.4.30

ヒトリシズカ

一人静　センリョウ科

Chloranthus quadrifolius

多年草。葉は対生するが、4個が接近してつき輪生状。花序は1本。花弁や萼はなく、雄しべ3本が基部で合着して子房の背面につき、白色の花糸が目立つ。

花期：4～5月
高さ：20～30cm
環境：樹林内や林縁に多

クサノオウ

草の黄　ケシ科

Chelidonium majus* subsp. *asiaticum

越年草。全体に粉白を帯び、縮れた毛があり、茎を折ると橙黄色の汁が出る。葉は互生し、1～2回羽状に裂ける。葉腋の散形花序に、黄色の4弁花をつける。

花期：4～5月
高さ：30～80cm
環境：山麓の林縁や土手に多

2013.4.5

ヤマブキソウ

山吹草　ケシ科

Hylomecon japonica

多年草。茎を切ると橙黄色の汁が出る。葉は長い柄のある根生葉と茎葉を互生し、3～7小葉からなる。花は上部の葉腋に1～2個つけ、鮮黄色の4弁花。

花期：4～5月
高さ：30～40cm
環境：山麓の落葉樹林内や林縁に少

2013.5.1

キジムシロ

雉筵　バラ科

Potentilla fragarioides

多年草。全体に開出毛があり、地上匐枝はない。根生葉は5～7小葉からなる奇数羽状複葉。有花茎は小型の葉を互生し、集散花序に黄色の5弁花をつける。

花期：4～5月
高さ：5～20cm
環境：林縁や草地に多

2011.4.30

2016.4.23

ミツバツチグリ

三つ葉土栗　バラ科

Potentilla freyniana

多年草。花後に地上匐枝を伸ばす。根生葉は長い柄がある3出複葉。有花茎は斜上し、小型の茎葉を互生し、集散花序に黄色の5弁花をつける。

花期：4～5月
高さ：5～20cm
環境：林縁や草地に多

2015.5.6

ヒメレンゲ

姫蓮華　ベンケイソウ科

Sedum subtile

多年草。茎葉は互生し、狭倒披針形で長さ5～10mm。花後に走出枝を出し、さじ形の葉のロゼットをつける。花は径6～8mmの黄色で葯は赤褐色。

花期：4～5月
高さ：5～15cm
環境：渓流の岩上に少

2014.5.8

ミヤマハコベ

深山繁縷　ナデシコ科

Stellaria sessiliflora

多年草。茎は斜上し、片側に1条の軟毛がある。葉は対生し、長い柄があり、上面は無毛。花は白色で花弁は5個、深く2裂し萼片よりも長い。花柱は3個。

花期：4～5月
高さ：5～30cm
環境：沢沿いの湿った樹林内に多

タチガシワ

立柏　キョウチクトウ科
Vincetoxicum magnificum

多年草。茎は直立して分枝しない。葉は茎の上部に対生し、長さ10～15cmの卵形で、基部は浅い心形。花は茎の頂に集まってつき、緑褐色で径9～11mm。

花期：4～5月
高さ：30～60cm
環境：樹林内に稀

2014.5.3

ヒメハギ

姫萩　ヒメハギ科
Polygala japonica

多年草。5個の萼片のうち、側萼片2個は花弁状で大きく横に張り出し、花後に果実を包む。3個の花弁は筒状に集まり、下側の1個の先が房状になって目立つ。

花期：4～5月　高さ：10～30cm
環境：日当たりの良い草地や路傍に多

2016.5.7

カキドオシ

垣通し　シソ科
Glechoma hederacea* subsp. *grandis

多年草。花のつく茎は直立し、花後に長い匍枝を出す。葉は対生し、円心形で長い柄があり、縁には鈍鋸歯、下面には腺点がある。花は葉腋に1～3個つける。

花期：4～5月　高さ：10～30cm
環境：山麓の草地や路傍に多

2015.4.22

2016.4.12

キランソウ

金瘡小草　シソ科

Ajuga decumbens

多年草。茎は地をはって広がり、節から根を出すことはなく、茎葉は対生、基部にはロゼット状の大きな葉がある。花は青色、上唇は極めて短く雄しべよりも短い。

花期：4～5月
高さ：2～10cm
環境：明るい樹林内や林縁に多

2015.4.22

ジュウニヒトエ

十二単　シソ科

Ajuga nipponensis

多年草。匐枝は出ない。葉は対生、茎や葉には白色の長縮毛が目立ち、茎の基部には鱗片葉がある。花は頂生の穂状花序をつくり、白色で淡紫色のすじがある。

花期：4～5月
高さ：10～20cm
環境：明るい樹林内や林縁に多

2013.4.12

ツクバキンモンソウ

筑波金紋草　シソ科

Ajuga yesoensis* var. *tsukubana

多年草。葉は対生し、長楕円形で粗い鋸歯があり、上面脈上や下面が紫色を帯びる。花は葉腋につき、白色で淡紫色のすじがある。

花期：4～5月
高さ：5～15cm
環境：明るい樹林内や林縁にやや稀

オウギカズラ

扇葛　シソ科

Ajuga japonica

多年草。花のつく茎は直立し、花後に匐枝を伸ばして群生する。葉は対生し、5角状心形で縁には粗い切れ込みがある。花は淡紫色でやや大きい。

花期：4～5月　高さ：5～20cm
環境：沢沿いの湿った樹林内にやや稀

2014.5.14

ラショウモンカズラ

羅生門葛　シソ科

Meehania urticifolia

多年草。花のつく茎は直立し、花後に匐枝を伸ばす。葉は対生し3角状心形。花冠の筒部上半は太くなり、これを京の羅生門で切られた鬼女の腕に見立てた。

花期：4～5月
高さ：15～30cm
環境：沢沿いの樹林内や林縁に多

2011.5.19

ハシリドコロ

走野老　ナス科

Scopolia japonica

多年草で横にはった太い地下茎がある。全体に無毛で軟らかい。花は葉腋に単生し、鐘形で長さ約2cm。果実は萼に包まれ、上半部がとれて種子を出す。有毒植物。

花期：4～5月　高さ：30～60cm
環境：沢沿いの湿った落葉広葉樹林内に稀

2014.4.11

2012.5.17

ナツトウダイ

夏灯台　トウダイグサ科
Euphorbia sieboldiana

多年草。傷つけると乳液を出す。茎葉は互生するが、花序の下の葉はやや大きく輪生する。放射状に伸びた枝先に2個の総苞葉をつけ、その間に杯状花序と呼ばれる壺状の花序をつけ、その縁には三日月形の腺体がある。

花期：4～5月
高さ：20～40cm
環境：明るい樹林内や林縁に多

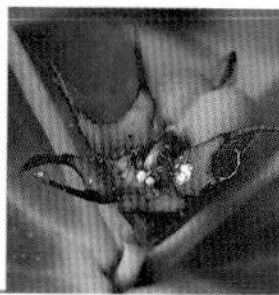
杯状花序　2012.5.17

2016.5.7

シャガ

射干　アヤメ科
Iris japonica

多年草。地下茎は横に這い群生する。葉は常緑で光沢があり幅2～3cm。外花被片は縁に細かい切れ込みがあり、上面中央脈上に黄橙色の斑紋があり、とさか状突起となる。結実しない。昔、中国から渡来したといわれる。

花期：4～5月
高さ：30～70cm
環境：山麓の湿った樹林内に多

2015.4.9

カンスゲ

寒菅　カヤツリグサ科
Carex morrowii

常緑の多年草。葉は硬く、前年葉の腋から多数の有花茎を出す。頂花穂は雄性、側花穂は雌性。

花期：3～5月　高さ：20～40cm
環境：沢沿いの湿った岩場に多

2013.3.26

ナルコスゲ

鳴子菅　カヤツリグサ科
Carex curvicollis

夏緑の多年草。花穂は茎の上部に数個まとまってつけ、頂花穂は雄性、2～6個の側花穂は雌性。

花期：3～5月　高さ：20～40cm
環境：沢沿いの流水縁にやや多

2013.4.16

タガネソウ

鏨草　カヤツリグサ科
Carex siderosticta

夏緑の多年草。披針形の葉をつける。花穂は上部に雄花、基部に雌花をつける。

花期：4～5月　高さ：10～40cm
環境：乾いた明るい樹林内に多

……スゲの仲間……

カヤツリグサ科スゲ属の植物は春に開花する多年草で、花穂と呼ばれる穂状の小花序に鱗片をつけ、鱗片の腋に1個の雄花または雌花をつける。雌花では果胞と呼ばれる壺状の器官の中に雌しべがあり、果実は果胞に包まれて熟す。雄花をつける花穂を雄花穂、雌花をつける花穂を雌花穂といい、頂花穂は雄性、側花穂は雌性のものが多いが、1個の花穂の上部に雄花、基部に雌花をつけることもある。スゲ属植物は高尾山や小仏山地に多くの種があるが、似たものも多く、限られたページ数の中で紹介するのは難しい。本書では特徴のあるもの3種に限って紹介する。

ミミガタテンナンショウ

耳形天南星　サトイモ科

Arisaema limbatum* var. *limbatum

葉は2枚、葉軸は短く、7～11個の小葉がある。仏炎苞は葉より早く開き、花序柄は偽茎よりも長く、仏炎苞の口部は著しく耳状に開出し、花序付属体はこん棒状。

花期：3～4月　高さ：20～50cm
環境：湿った樹林内に多

ホソバテンナンショウ

細葉天南星　サトイモ科

Arisaema angustatum

葉は2枚で下方の葉が大きく、披針形の小葉が9～19個つく。仏炎苞は葉と同時に開く。花序の付属体は先に向かって次第に細くなり先端は小頭状。

花期：4～5月　高さ：20～80cm
環境：湿った樹林内に少

カントウマムシグサ

関東蝮草　サトイモ科

Arisaema serratum

別名ムラサキマムシグサ。葉は2枚。仏炎苞は葉に遅れて開き、紫褐色または緑色で舷部は筒部よりも長い。花序の付属体はこん棒状。

花期：5～6月　高さ：30～80cm
環境：湿った樹林内に少

テンナンショウの仲間

サトイモ科テンナンショウ属は球茎（球形の地下茎）があり、葉柄基部は重なり合って茎のように直立し、これを偽茎という。

偽茎の頂に、舷部（先の開いた部分）と筒部からなる仏炎苞があり、その中に円柱状の花序がある。花序の先はこん棒状または長いひも状の付属体になる。花は単性で球茎に十分な栄養を蓄えると雄株から雌株に変わる。

ウラシマソウ

浦島草　サトイモ科
Arisaema thunbergii
subsp.*urashima*

開花する株の葉は1枚。小葉は11～15個あり、下面は光沢がある。仏炎苞は葉と同時に開き暗紫色。花序の付属体は柄があり、延長部は糸状に長く伸びる。

花期：4～5月　高さ：40～50cm
環境：湿った樹林内に多

2013.5.1

ムサシアブミ

武蔵鐙　サトイモ科
Arisaema ringens

偽茎は葉よりも低く、3小葉からなる葉を2枚つける。仏炎苞の舷部は内側に巻き込んで先が突き出る。高尾山のものは栽培品が野生化したといわれる。

花期：5～6月
高さ：20～50cm
環境：山麓の湿った樹林内に稀

2014.6.4

オオハンゲ

大半夏　サトイモ科
Pinellia tripartita

葉と花茎は球茎から別々にでるため、テンナンショウ属とは別属とされる。仏炎苞は緑色のものと紫色のものがある。栽培していたものが野生化したといわれる。

花期：6月
高さ：20～50cm
環境：湿った樹林内にやや稀

2013.7.28

2016.3.26

エンレイソウ

延齢草　シュロソウ科
Trillium apetalon

多年草。3個の葉を輪生し、その中心から短い柄を伸ばし、1個の花をやや横向きにつける。外花被片は紫褐色でやや鈍頭、内花被片はない。果実は液果。

花期：4月
高さ：20～40cm
環境：沢沿いの湿った樹林内にやや少

2013.4.12

2015.4.18

ミヤマエンレイソウ

深山延齢草　シュロソウ科
Trillium tschonoskii

別名シロバナエンレイソウ。多年草。エンレイソウに似るが、外花被片は3個あり緑色で鋭尖頭、白い内花被片が3個ある。

花期：4～5月
高さ：20～40cm
環境：沢沿いの湿った樹林内に稀

2015.4.18

ツクバネソウ

衝羽根草　シュロソウ科

Paris tetraphylla

多年草。4個（稀に5～7個）の葉を輪生し、その中心からやや長い柄を伸ばし上向きに1花をつける。外花被片は4個で緑色、内花被片はなく、8本の雄しべと4裂した柱頭が目立つ。

花期：5月
高さ：15～40cm
環境：沢沿いの湿った樹林内に稀

果実　2017.7.28

2016.5.15

ホウチャクソウ

宝鐸草　イヌサフラン科

Disporum sessile

多年草。茎はふつう分枝し、葉は互生して顕著な3脈が目立つ。花は枝先に下向きに1～3個つけ、花被片は緑白色で筒状に閉じたまま。果実は球形で黒く熟す。

花期：4～5月
高さ：30～60cm
環境：沢沿いの湿った樹林内に多

果実　2017.11.12

2012.5.17

チゴユリ

稚児百合　イヌサフラン科
Disporum smilacinum

多年草。横にはった地下茎がある。茎はふつう枝別れしないが、ときに分枝することがある。花は茎頂に１～２個つき、白色で横向きまたは下向きに平開する。

花期：4～5月　高さ：15～40cm
環境：乾いた明るい樹林内に多

アマドコロ

甘野老　クサスギカズラ科
Polygonatum odoratum* var. *pluriflorum

多年草。茎は稜があり、上部で弓状に曲がる。葉は長楕円形で下面は粉白緑色で脈上は平滑。花は白色筒状で下垂し、先は淡緑色。

花期：5月　高さ：30～60cm
環境：明るい樹林内に多

…APG分類体系の…ユリ科

本書では科はAPG分類体系に従った。これまでのユリ科はユリ科のほか、シュロソウ科、イヌサフラン科、サルトリイバラ科、ヒガンバナ科、ワスレグサ科、クサスギカズラ科などの多くの科に分けられた。カタクリ、アマナ、キバナノアマナなどはAPG分類体系でもユリ科に残されたが、春の野草ではエンレイソウ属やツクバネソウ属はシュロソウ科に、チゴユリ属はイヌサフラン科に、アマドコロ属やマイヅルソウ属（ユキザサ）はクサスギカズラ科（キジカクシ科ともいう）となった。

ナルコユリ

鳴子百合　クサスギカズラ科
Polygonatum falcatum

多年草。茎は円柱形で稜がなく、直立して上部で弓状に曲がる。葉は細長く、しばしば上面の中央に白い線が入り、下面脈上に微細な突起がある。

花期：5～6月　高さ：30～60cm
環境：明るい樹林内や林縁に多

ミヤマナルコユリ

深山鳴子百合　クサスギカズラ科

Polygonatum lasianthum

多年草。葉は幅広く縁は波打ち、下面は白色を帯びる。花柄は葉に沿って開出し、葉の下に隠れるように1～3花ずつ咲く。花糸に長毛がある。

花期：5～6月
高さ：30～60cm
環境：乾いた明るい樹林内に多

2012.5.31

ワニグチソウ

鰐口草　クサスギカズラ科

Polygonatum involucratum

多年草。葉は5～8個つき広楕円形。花序の柄の先に卵形の苞が2～3個ある。花は中央部が膨らんだ筒形で先は淡緑色。

花期：5～6月
高さ：20～40cm
環境：明るい樹林内に稀

2012.5.31

ユキザサ

雪笹　クサスギカズラ科

Maianthemum japonicum

多年草。横走する根茎があり群生する。茎は枝分かれせず、葉は互生し、茎頂に円錐花序をつける。花は両性で花被片は6個。果実は球形の液果で赤く熟す。

花期：5～6月
高さ：20～60cm
環境：湿った樹林内に稀

果実
1998.9.9

1989.5.31

スミレの仲間

スミレの花は左右相称の５弁花で、上弁が２個、側弁が２個、下方に唇弁が１個あり、その基部は袋状の距になっている。この特徴のある花やハート形の根生葉を見ればスミレの仲間とわかるが、似た種類が多くあり、正確に名前をいいあてるのは難しい。どこにでももっとも普通に見られるのがタチツボスミレで、ツボスミレやニオイタチツボスミレとともに地上に茎が伸びる特徴があり、根生葉のみの他種と区別できる。そのほか、側弁の内側の毛の有無、花の色と大きさ、葉の形などが種類を見分けるための識別点である。果実は３裂して種子を飛ばす。早春には葉が小さいが、花が終ると葉が大きくなり、ずいぶんとイメージが変わる。

スミレの裂開した果実

タチツボスミレ

立坪菫　スミレ科

Viola grypoceras

咲きはじめ頃は地上茎は短く、次第に伸びて目立つようになる。托葉には櫛の歯状の切れ込みがある。花は淡青紫色。

花期：３～５月
高さ：5～15cm
環境：さまざまな環境に多

ニオイタチツボスミレ

匂立坪菫　スミレ科

Viola obtusa

茎や葉はタチツボスミレに似るが、花後に細長い茎葉がつく。花柄はふつう微細な毛があり、花は紅紫色で中心が白く目立つ。

花期：３～５月
高さ：5～15cm
環境：明るい落葉樹林内や草地に多

ツボスミレ

坪菫　スミレ科

Viola verecunda

別名ニョイスミレ。茎や葉は無毛で、托葉（葉柄基部の付属物）は全縁で切れ込みがない。花は白色で小さく、唇弁に紫色の筋があり、側弁にふつうは毛がある。

花期：4～5月
高さ：5～10cm
環境：沢沿いの湿った所に多

2016.4.23

エイザンスミレ

叡山菫　スミレ科

Viola eizanensis

花時の葉は３裂し、裂片はさらに細裂するが、花後に出る葉は幅広い３小葉になる。花は大型で白色から淡紅紫色まで変化がある。

花期：4～5月
高さ：5～15cm
環境：沢沿いの樹林内や林縁に多

2015.4.2

ヒゴスミレ

肥後菫　スミレ科

Viola chaerophylloides* var. *sieboldiana

葉は基部から５裂し、裂片は細裂して線形、花後に出る葉も５裂する。花は白色で香りがある。

花期：4～5月
高さ：5～10cm
環境：明るい落葉広葉樹林や草地に少

2014.4.24

2012.4.13

アオイスミレ
葵菫　スミレ科
Viola hondoensis

葉は円形で毛が多く、新葉は縁が巻く。葉の展開とともに淡紫色花をつけ、葉が開いた後には閉鎖花(開花せず結実する花）をつける。果実は球形で白毛が密生。

花期：3～4月
高さ：5～10cm
環境：沢沿いの湿った樹林内に多

2015.4.18

マルバスミレ
円葉菫　スミレ科
Viola keiskei

葉は卵形または円く、先は鈍く尖り、上面や縁に毛がある。花は白色で花弁は先が円い。果実は無毛。

花期：3～4月
高さ：5～10cm
環境：沢沿いの斜面などに多

1984.5.4

フモトスミレ
麓菫　スミレ科
Viola sieboldii

葉は卵形で縁の鋸歯は低く、ときに上面脈に斑が入り、下面は紫色を帯びる。花は白色で唇弁に紫色の筋があり、側弁の基部に毛がある。

花期：4～5月
高さ：3～8cm
環境：明るい落葉樹林内に稀

コミヤマスミレ

小深山菫　スミレ科

Viola maximowicziana

葉は楕円形で上面の脈が赤色を帯びることが多く、花柄とともに粗い毛がある。萼は反り返り有毛。花は白色で唇弁は先が尖り紫色の筋がある。

花期：5月　高さ：5～10cm
環境：沢沿いの湿った樹林内にやや多

2012.5.17

アカネスミレ

茜菫　スミレ科

Viola phalacrocarpa

葉は卵形で有毛、夏葉も形が変わらない。花は紅紫色で側弁は有毛、距は細くて長く、正面から見たときに柱頭がよく見えない。

花期：4～5月
高さ：5～10cm
環境：明るい雑木林内などに多

2014.4.27

コスミレ

小菫　スミレ科

Viola japonica

葉は卵形でふつう無毛、夏葉は幅広く3角形。花は淡紫色で側弁はふつう無毛。花を正面から見ると、雄しべの橙色の付属体や雌しべの柱頭が見える。

花期：3～4月
高さ：5～10cm
環境：路傍や林縁に多

2018.4.9

2012.4.30

アケボノスミレ

曙菫　スミレ科
Viola rossii

葉は円心形で先は尖り、開花後に展開する。花は淡紅紫色で距は太くて短い。

花期：4～5月
高さ：5～10cm
環境：高尾山頂から生藤山への尾根に少

2014.4.11

ヒナスミレ

雛菫　スミレ科
Viola takedana

葉は地面に水平に開き、長卵形で粗い鋸歯があり、基部は心形に深く湾入する。花は淡紅紫色。

花期：3～4月
高さ：3～8cm
環境：腐葉の多い落葉樹林内に多

2015.5.27

サクラスミレ

桜菫　スミレ科
Viola hirtipes

葉は２～３枚が直立し、葉柄に立った白長毛が目立つ。花は紅紫色で大きく、側弁は有毛、上弁の先が凹む傾向がある。

花期：4～5月
高さ：5～15cm
環境：陣馬山（陣場山）などの草原に稀

ヒカゲスミレ　2014.4.27

タカオスミレ　2014.4.11

ヒカゲスミレ

日陰菫　スミレ科

Viola yezoensis

葉は卵形で先は尖り毛が多い。花は白色で唇弁と側弁に紫色の筋がある。高尾山周辺には葉が暗赤褐色を帯びるものが多く、特にタカオスミレという。ヒカゲスミレとの中間的なものもあり、種として区別する必要はない。

花期：4～5月　高さ：5～15cm
環境：沢沿いの湿った樹林内に多

ナガバノスミレサイシン

長葉の菫細辛　スミレ科

Viola bissetii

花の咲き始めの頃には、まだ葉が開ききっていないことが多い。葉は3角状長卵形で、やや厚く光沢があり、しばしば下面は紅色を帯びる。花後に出る葉は著しく大きくなる。花は白色または淡紫色。

花期：3～4月
高さ：5～15cm
環境：沢沿いの湿った樹林内に多

2012.4.13

マキノスミレ

牧野菫　スミレ科

Viola violacea **var.** ***makinoi***

シハイスミレの変種で、葉は立ち上がり、披針形で鋭頭、光沢があり無毛。花は濃紅紫色で葉より下で咲くことが多い。シハイスミレ var. *violacea* は高尾山周辺では多摩丘陵にあり、葉は長卵形で、花は葉より高い位置で咲く。

花期：3～5月
高さ：5～10cm
環境：尾根の明るい乾いた樹林内に稀

ヒメスミレ

姫菫　スミレ科

Viola inconspicua
subsp. ***nagasakiensis***

全体にスミレに似るが、葉も花も少し小型。葉は夏の葉でも立ち上がらず、狭3角形で下方の鋸歯は粗く、葉柄に翼がない。花は濃青紫色、側弁の基部には毛があり、距は花の大きさの割に太い。

花期：3～4月
高さ：3～8cm
環境：山麓の人家周辺に多

スミレ

菫　スミレ科

Viola mandshurica

葉は３角状の披針形で基部は広いくさび形、葉柄の上方に翼があり、特に花後に出る葉で顕著。

花期：4～5月
高さ：8～15cm
環境：草地や路傍に多

1986.4.24

ノジスミレ

野路菫　スミレ科

Viola yedoensis

スミレに似るが、葉柄に翼はなく、全体に細毛が多い。花は青みがかった濃紫色で側弁は無毛。

花期：3～4月
高さ：5～10cm
環境：山麓の草地や路傍に多

1982.4.5

アリアケスミレ

有明菫　スミレ科

Viola betonicifolia* var. *albescens

葉はスミレに似るが、基部はわずかに心形で、花後にでるものは葉柄に狭い翼がでる。花は白色で紅色または紫色の筋がある。

花期：4～5月
高さ：5～15cm
環境：山麓の人家の周辺に多

1986.4.24

カンアオイの仲間

花の形のままで果実になるので、花期がわかりにくい。葉は根生し、長い柄があり、葉身は卵形で基部は心形。株の基部に隠れるように花をつける。花は花弁がなく、3枚の萼片は下半部が接するか合着して萼筒をつくり、萼筒の内面には格子状の隆起線をもつものが多い。

2013.4.12

フタバアオイ

双葉葵　ウマノスズクサ科
Asarum caulescens

夏緑の多年草。葉は2枚。萼は下半部が接し、上半部は強く反り返り、全体がお椀の形に見える。

花期：3～5月　高さ：8～15cm
環境：沢沿いの湿った樹林内にやや少

2015.4.6

タマノカンアオイ

多摩の寒葵　ウマノスズクサ科
Asarum tamaense

常緑の多年草。葉は光沢が鈍く淡色の紋様がある。花は径3～4cm、萼筒口部に白色の隆起がある。

花期：3～5月　高さ：5～15cm
環境：山麓の樹林内に稀

2014.4.9

ランヨウアオイ

乱葉葵　ウマノスズクサ科
Asarum blumei

常緑の多年草。葉は基部両側が耳状に張り出し光沢がある。花は径2cm、内面の縦の隆起線は17～20本。

花期：3～5月　高さ：5～15cm
環境：山麓の樹林内に稀

2014.5.14

カントウカンアオイ

関東寒葵　ウマノスズクサ科
Asarum nipponicum

常緑の多年草。葉は光沢がなく、淡色の紋様がある。花は径2cm、内面の縦の隆起線は9～12本。

花期：10～11月　高さ：5～15cm
環境：山麓の樹林内に稀

初夏から梅雨の頃の花

5月も後半になると、落葉広葉樹林内はすっかり暗くなり、林床に咲く花は少なくなる。雨が多い季節であるが、晴れれば日差しは強く、林縁や草地にノアザミ、コウゾリナ、オカトラノオ、ホタルブクロなどが咲く。ここでは5月後半から6月の梅雨頃に咲く草本を紹介する。森林が保護されてきた高尾山には多くのラン科植物が生育する。この季節に樹林内でひっそりと咲くラン科植物が多いので、春に咲くシュンランや夏に咲くトンボソウも含めて33種をこの季節でまとめて取り上げた。

ヤマシャクヤク

山芍薬　ボタン科

Paeonia japonica

多年草。葉は2回3出複葉で3～4個が互生する。花は茎頂に1個つけ、白色で径4～5cm、花弁は全開しない。雌しべは3個あり、3個の袋果ができ、割れると紺色の成熟種子と発芽能力のない赤い不稔種子が出る。

花期：5～6月
高さ：30～50cm
環境：落葉樹林内にやや稀

果実　2013.8.18

1994.5.22

ベニバナヤマシャクヤク

紅花山芍薬　ボタン科

Paeonia obovata

多年草。草姿はヤマシャクヤクとほとんど変わらないが、紅色の花が咲けば本種と判明する。雌しべは5個、外に曲がった柱頭の先はヤマシャクヤクよりも強く巻き込む。

花期：5～6月　高さ：30～50cm
環境：落葉樹林内に稀

2014.5.31

2016.4.12

ルイヨウボタン

類葉牡丹　メギ科

Caulophyllum robustum

多年草。葉は茎の上部にふつう2個互生し、2～3回3出複葉でボタンに似ている。外萼片2～6個は開花時に落ち、6個の内萼片が花弁状で目立ち、花弁6個は雄しべと同長。

花期：4～6月
高さ：40～70cm
環境：落葉樹林内に稀

1998.5.21

雄花序　2014.5.14

ウワバミソウ

蟒蛇草　イラクサ科

Elatostema involucratum

多年草。茎は肉質で斜上し、左右不同の葉を2列に互生する。雄花序には柄があり、雄花が脱落した後に柄のない雌花序が出る。秋に節が膨らんで落ち、翌年の新苗になるが、この部分を山菜として食べる。

花期：4～8月
高さ：30～40cm
環境：沢沿いの湿った樹林内に多

コンロンソウ

崑崙草　アブラナ科

Cardamine leucantha

多年草。葉は互生し、羽状複葉で葉柄の基部は耳状に茎を抱かない。小葉は２～３対あり、先は鋭く尖り、縁には鋭鋸歯がある。花は白色の十字花。

花期：5～6月
高さ：30～70cm
環境：沢沿いの流水縁に稀

2013.5.7

ヒロハコンロンソウ

広葉崑崙草　アブラナ科

Cardamine appendiculata

多年草。葉は互生し、羽状複葉で葉柄の基部は耳状に茎を抱く。小葉は２～３対あり、先は鈍く、縁には鈍鋸歯がある。花は白色の十字花。

花期：5～6月
高さ：30～60cm
環境：沢沿いの流水縁に多

2014.5.14

ハナウド

花独活　セリ科

Heracleum sphondylium* var. *nipponicum

大型の越年草。葉は３出複葉で小葉はさらに深く裂ける。大型の散形花序に白色花を密に多数つけ、花序の縁の花では花弁が大きく、その先は２深裂する。

花期：5～6月　高さ：1～2m
環境：山麓の草地や土手に多

2015.5.14

2014.5.14

サツキヒナノウスツボ

五月雛の臼壺　ゴマノハグサ科
Scrophularia musashiensis

多年草。葉は質が薄く鋸歯は粗い。花は上部の葉腋から細長い柄を伸ばし1～3個つく。花冠は上半が紫褐色で下半が緑白色。

花期：5月
高さ：30～60cm
環境：沢沿いの湿った樹林内に稀
【高尾山が基準産地】

2012.5.17

クワガタソウ

鍬形草　オオバコ科
Veronica miqueliana

小型の多年草。茎は直立し、葉は対生。茎の上部に数花をつけ、花冠は白色または淡紅紫色で4深裂し、雄しべは2本。果実は偏平な3角状扇形。

花期：5～6月
高さ：10～20cm
環境：沢沿いの湿った樹林内に少

2018.5.6

オカタツナミソウ

丘立浪草　シソ科
Scutellaria brachyspica

多年草。茎に下向きの曲がった毛が生える。葉は茎の上部のものがもっとも大きく、下面の腺点は目立つ。頂生の総状花序に短く密に花をつける。

花期：5～6月　高さ：20～50cm
環境：明るい樹林内や林縁にやや多

タツナミソウ

立浪草　シソ科

Scutellaria indica* var. *indica

多年草。茎の毛は開出毛が目立つ。葉は茎全体にほぼ等しい大きさのものが等間隔につき、側鋸歯は7～14対ある。頂生の長い穂状花序に密に花をつける。

花期：5～6月
高さ：20～40cm
環境：山麓の土手の草地にやや稀

2014.5.20

コバノタツナミ

小葉立浪　シソ科

Scutellaria indica* var. *parvifolia

多年草。タツナミソウの変種で全体に小型で毛が密に生え、茎は基部で地面をはい、葉の鋸歯は3～7対と少ない。

花期：5～6月
高さ：5～20cm
環境：法面の岩場や斜面に多

2014.5.3

ヤマタツナミソウ

山立浪草　シソ科

Scutellaria pekinensis* var. *transitra

多年草。地中に細長い地下茎がある。茎には上向きの毛があり、葉身は卵状3角形で鋸歯が鋭い。花序には苞葉が目立ち、花冠は花序軸に対して約60度に曲がる。

花期：5～6月　高さ：15～25cm
環境：樹林内や林縁にやや稀

2015.5.25

2015.5.20

ヘビイチゴ

蛇苺　バラ科
Potentilla hebiichigo

多年草。茎は地面を這い、3出複葉を互生し、葉腋から長い花柄を伸ばして黄色の5弁花を単生する。花には狭3角形の萼片と葉状の副萼片がある。小葉の先が円く、鋸歯は重鋸歯になることが多く、イチゴ状果の痩果（小さい粒）にこぶ状の小突起がある。

花期：4～5月、果期：5～6月
高さ：3～10cm
環境：山麓の路傍や草地に多

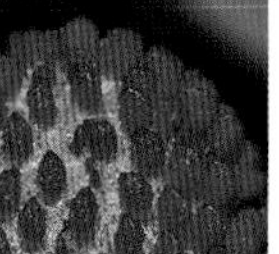
果実　2016.5.28

2016.5.28

ヤブヘビイチゴ

藪蛇苺　バラ科
Potentilla indica

多年草。ヘビイチゴに似ているが、小葉が菱状楕円形で、鋸歯の多くは単鋸歯で、イチゴ状果の表面にある痩果は光沢があり，明らかなこぶ状突起がないことで区別する。

花期：4～5月、果期：5～6月
高さ：5～20cm
環境：明るい樹林内や路傍に多

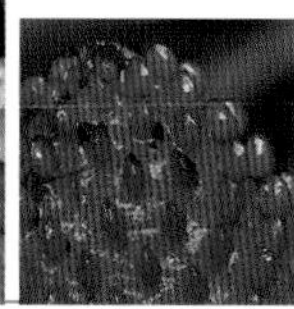
果実　2016.5.28

ノアザミ

野薊　キク科

Cirsium japonicum

多年草。頭花の大きさや形、花期に根生葉が残ることなど、秋に咲くノハラアザミ（P.157）と似ているが、春から初夏に咲くほか、総苞が粘ることでも区別できる。

花期：5～8月
高さ：50～100cm
環境：草原や草地に多

2013.5.28

フタリシズカ

二人静　センリョウ科

Chloranthus serratus

多年草。葉が展開してから2～3本の花序が伸びる。葉はヒトリシズカ（P.24）の夏葉と似ているが、本種では2～3対の葉がずれてつくことで区別する。

花期：5～6月
高さ：30～50cm
環境：樹林内に多

2012.5.31

キツネノボタン

狐の牡丹　キンポウゲ科

Ranunculus silerifolius

多年草。茎は斜上する毛が生える。集合果は球形で多数の痩果をつけ、痩果の先はカギ型に曲がる。山中に生えるものは低地の湿地に生えるものに比べて小型。

花期：5～7月　高さ：20～80cm
環境：沢沿いの流水縁や湿った所に多

2013.6.25

2014.6.4

サワルリソウ

沢瑠璃草　ムラサキ科

Ancistrocarya japonica

多年草。茎は直立し、広倒披針形の葉は互生し、3～5対の側脈は先が合流する。花序は叉状に分枝し、花冠は淡青紫色で筒部が目立ち、先は5裂して平開する。

花期：5～6月
高さ：30～50cm
環境：沢沿いの湿った樹林内に稀

2016.6.10

ウメガサソウ

梅笠草　ツツジ科

Chimaphila japonica

草本状の常緑小低木。葉は節に2～3個が輪生状につき、革質で光沢があり鋸歯縁。茎頂から柄を伸ばし、ウメに似た白色の5弁花を下向きにつける。

花期：5～6月
高さ：5～10cm
環境：やや乾いた樹林内に稀

2012.6.24

イチヤクソウ

一薬草　ツツジ科

Pyrola japonica

多年草。葉は根生し、卵形で質厚く縁に細鋸歯がある。花茎の途中に先が開いた鱗片葉を1～2個つける。花冠は5深裂し、雌しべの先が突き出る。

花期：6～7月
高さ：15～25cm
環境：樹林内にやや少

イナモリソウ

稲森草　アカネ科
Pseudopyxis depressa

小型の多年草。茎は全体に軟毛がある。葉は対生，上部２対が４輪生状につく。花冠は漏斗形で先は５～６裂し、紅紫色。

花期：6月
高さ：3～10cm
環境：沢沿いの樹林内に稀

2013.6.1

フナバラソウ

舟腹草　キョウチクトウ科
Vincetoxicum atratum

多年草。茎は太く直立し、長さ６～10cmの長楕円形の葉を対生する。葉は両面に白色軟毛が密生する。茎の上部の葉腋に径12～15mmの濃紫褐色花をつける。

花期：6月
高さ：40～80cm
環境：草地や林縁に稀

2013.6.1

ミゾホオズキ

溝酸漿　ハエドクソウ科
Mimulus nepalensis

多年草。全体に軟らかく無毛でみずみずしい。葉は対生し、卵形または楕円形で低鋸歯縁。葉腋に１花ずつつけ、花冠は黄色の漏斗状で、先は唇形に５裂する。

花期：6～7月　高さ：10～30cm
環境：沢沿いの流水縁や水湿地に少

2012.6.2

2014.6.4

トウバナ

塔花　シソ科

Clinopodium gracile

多年草。葉は対生し、卵形で鋸歯縁、下面の腺点はまばらで目立たない。茎の頂に輪生状に数段の花序をつける。萼筒は短毛が疎らに生え、花冠は長さ約5mm。

花期：5～8月　高さ：10～30cm
環境：山麓の草地や路傍に多

2012.7.30

コウゾリナ

顔剃菜　キク科

Picris hieracioides* subsp. *japonica

越年草。初夏から長期にわたって開花し続ける。茎には赤褐色の剛毛が目立つ。総苞は長さ10～11mm、赤褐色の剛毛が生え、舌状花は黄色。

花期：5～9月
高さ：30～80cm
環境：草地や路傍に多

2013.6.25

サワギク

沢菊　キク科

Nemosenecio nikoensis

多年草。茎は中空で軟らかく折れやすい。葉は互生し、長さ4～15cmで羽状に分裂する。頭花は黄色で舌状花と筒状花からなる。

花期：6～8月
高さ：30～100cm
環境：樹林内や林縁にやや多

アカショウマ

赤升麻　ユキノシタ科

Astilbe thunbergii* var. *thunbergii

多年草。葉は３回３出複葉、頂小葉は卵形〜狭卵形で基部はくさび形で先は尾状に尖る。花序は最下側枝だけが分岐し、花は白色で線状さじ形の花弁がある。

花期：6〜7月
高さ：50〜90cm
環境：樹林内や林縁に多

2011.7.3

トリアシショウマ

鳥足升麻　ユキノシタ科

Astilbe thunbergii* var. *congesta

アカショウマの日本海側に分布する変種であるが、太平洋側にも稀に見られる。全体に大きく、頂小葉の基部が浅い心形で、花序は側枝がよく分岐して円錐状。

花期：6〜7月
高さ：60〜100cm
環境：樹林内や林縁にやや稀

2013.6.23

チダケサシ

乳茸刺　ユキノシタ科

Astilbe microphylla

多年草。葉は３回３出複葉または羽状複葉で、小葉の先は尾状に伸びない。花序は枝の短い複総状花序で、アカショウマに比べて縦に長く、花は淡紅色を帯びる。

花期：6〜8月
高さ：40〜90cm
環境：湿った草地にやや少

2015.7.7

2014.6.20

ドクダミ

毒溜　ドクダミ科
Houttuynia cordata

多年草。全体に独特の臭気がある。葉は互生し、葉柄基部に托葉がある。円柱状の花序の基部に白色花弁状の総苞片が4個ある。花は両性で花弁はない。

花期：6～7月
高さ：30～50cm
環境：山麓の湿った樹林内に多

2012.6.2

ヤマオダマキ

山苧環　キンポウゲ科
Aquilegia buergeriana

多年草。花は両性で5数性、萼片は紫褐色の花弁状、花弁は先が黄色で基部は紫褐色の長く伸びた距になる。花の形を麻糸を巻いた「苧環(おだまき)」に見立てた。

花期：6～7月
高さ：30～50cm
環境：草地や林縁にやや少

2017.6.6
果実　2016.8.10

マルミノヤマゴボウ

丸実の山牛蒡　ヤマゴボウ科
Phytolacca japonica

多年草。葉は長楕円形で先は尾状にとがる。円柱状の花序に淡紅色花を密集し、花序は果期にも直立する。果実は球形の液果で黒く熟し、果柄や萼は紅色になる。

花期：6～7月　果期：8～9月
高さ：80～100cm
環境：樹林内や林縁に稀

マルバマンネングサ

丸葉万年草　ベンケイソウ科

Sedum makinoi

多年草。茎は紅紫色を帯び、葉は対生し、倒卵形または倒卵状のへら形で質厚く、縁には鋸歯がない。花は黄色の5弁花で雄しべの葯は赤色。

花期：6～7月
高さ：8～20cm
環境：岩上や石垣などにやや稀

2013.7.9

キリンソウ

黄輪草　ベンケイソウ科

Phedimus aizoon* var. *floribundus

多年草。葉は互生し，倒卵形～長楕円形で鈍頭または円頭、上半部にのみ鋸歯があり、基部は次第に狭くなる。花は黄色の5弁花で径約15mm。

花期：6～7月
高さ：20～50cm
環境：草地や岩上などに稀

2013.6.23

キヌタソウ

砧草　アカネ科

Galium kinuta

多年草。茎は直立し無毛。葉は4輪生し、卵状披針形で長さ2～8cm、先はしだいに細くなり3脈が目立つ。花冠は白色で4裂。果実は球形の2分果で平滑。

花期：6～7月　高さ：20～40cm
環境：草地や乾いた樹林内などに稀

2001.7.10

2015.6.29

オカトラノオ

丘虎の尾　サクラソウ科

Lysimachia clethroides

多年草。葉は互生し、長楕円形で先は長く尖る。茎頂に長さ10〜30cmの一方に傾いた総状花序をつけ、径8〜12mmの白色花を多数つける。

花期：6〜7月
高さ：50〜100cm
環境：草原や草地に多

2015.6.7

ギンレイカ

銀鈴花　サクラソウ科

Lysimachia acroadenia

別名ミヤマタゴボウ。多年草。葉は互生し、狭卵形で薄く軟らかく、下面は赤褐色の細点があり、基部は翼のある柄に続く。花冠は白色で全開しない。

花期：6〜7月
高さ：30〜70cm
環境：湿った路傍や荒れ地にやや多

2016.7.28

コナスビ

小茄子　サクラソウ科

Lysimachia japonica

小型の多年草。茎は地をはい、全体に毛がある。葉は対生し、広卵形で長さ1〜2.5cm。花は葉腋につけ、5個の萼裂片は先が鋭く尖り、花冠は黄色で5裂する。

花期：5〜7月
高さ：3〜10cm
環境：湿った路傍に多

スズサイコ

鈴柴胡　キョウチクトウ科

Vincetoxicum pycnostelma

多年草。茎は直立しあまり枝を分けない。葉は対生し、線状披針形で長さ6～12cm、幅1.5cm以下。茎頂と上部の葉腋に集散花序を出し、径10～12mmの黄褐色花を下垂する。花冠は夕方に開き翌日の午前中に閉じる。

花期：6～7月
高さ：40～90cm
環境：草原や草地に稀

2013.6.25

2013.6.25

トチバニンジン

栃葉人参　ウコギ科

Panax japonicus

別名チクセツニンジン。多年草で肥厚した根茎がある。茎の上部に3～5個の掌状複葉を輪生状につけ、小葉はふつう5個ある。茎頂の散形花序に淡黄緑色の小さな花をつける。果実は赤く熟す。

花期：6～8月
高さ：50～80cm
環境：樹林内にやや少

果実　1999.9.2

2012.6.15

2016.5.21

ホタルブクロ

蛍袋　キキョウ科

Campanula punctata* var. *punctata

多年草。茎は直立し、粗い立った毛が多く、茎葉は互生する。花冠は壺状で、長さ4～5cm、白色～淡赤紫色で内側に紫色の斑点がある。萼裂片の間に反り返る付属片がある。種子にはほとんど翼がない。

花期：5～7月　高さ：40～80cm
環境：草地や林縁に多

萼　2014.6.20

2012.7.9

ヤマホタルブクロ

山蛍袋　キキョウ科

Campanula punctata* var. *hondoensis

多年草。萼裂片の間に、3角形で反り返る付属片がないことでホタルブクロと区別できる。種子には狭い翼がある。ホタルブクロは日本全国に広く分布するが、本変種は本州中部に分布が限られる。

花期：6～7月
高さ：40～80cm
環境：草地やガレ場などに多

萼　2012.7.9

ニガナ

苦菜　キク科

Ixeridium dentatum* subsp. *dentatum

多年草。根生葉は有柄でときに羽状に切れ込み、茎葉は無柄で基部は茎を抱く。頭花には5～7個の舌状花がある。ハナニガナ subsp. *nipponicum* は全体に大型で頭花に舌状花が8～11個ある。

花期：5～7月
高さ：20～50cm
環境：草地や明るい落葉樹林内に多

ハナニガナ　2012.6.2

2012.7.9

ヤブレガサ

破れ傘　キク科

Syneilesis palmata

多年草。根生葉は1個で、芽吹きの際に破れた傘のように見える。葉身は円形で多数の裂片に深く裂け、柄は盾状につく。茎葉は2～3個が互生。頭花は円筒形で総苞片は5個、両性の筒状花からなる。

花期：6～7月
高さ：50～100cm
環境：明るい落葉樹林内に多

芽立ち　2011.4.26

2012.7.14

ラン科植物

ラン科植物は種数が多いが、個体数は少ないものが多い。花の形態の面白さと希少さから、ファンが多く、ときに盗掘されることもあり、絶滅危惧種になっているものもある。萼片と花弁は３個ずつで、萼片はほぼ同形、側花弁２個はほぼ同形、中央の花弁は唇弁といい、複雑な形態と色彩に富み、ときに基部に距が発達する。樹幹に着生する種もある。根や根茎に菌類が共生しているが、ときに完全に葉緑素を失い、菌類に寄生するものがある。

シュンラン

春蘭　ラン科

Cymbidium goeringii

常緑の多年草。根は太いひも状で放射状にのびる。葉は線形ですべて根生。花茎は直立し、白色膜質の鞘があり、淡黄緑色の花を１個つける。

花期：3～4月
高さ：10～20cm
環境：明るい乾いた樹林内に多

キンラン

金蘭　ラン科

Cephalanthera falcata

夏緑の多年草。葉は５～８個が互生し、長楕円状披針形で基部は茎を抱く。総状花序に黄色花をやや上向きに半開する。唇弁には５～７本の濃色の隆起線がある。

花期：4～5月
高さ：20～70cm
環境：明るい樹林内にやや少

ギンラン

銀蘭　ラン科

Cephalanthera erecta

夏緑の多年草。葉は３～６個が互生し、基部は茎をわずかに抱く。茎頂の総状花序は苞葉よりも高く、白色花を上向きに半開する。唇弁基部の距は明らか。

花期：5月
高さ：10～30cm
環境：明るい樹林内にやや少

2015.5.2

2015.5.2

クゲヌマラン

鵠沼蘭　ラン科

Cephalanthera longifolia

夏緑の多年草。葉は厚く光沢があって脈が目立たず、唇弁基部の距はほとんど目立たない。湘南海岸に知られていたが、最近は帰化によるものが発見されている。

花期：5月
高さ：20～40cm
環境：山麓の樹林内に稀

2015.5.2

2015.5.2

ササバギンラン

笹葉銀蘭　ラン科

Cephalanthera longibracteata

夏緑の多年草。葉は５～８個が互生し、葉脈が目立ち、基部はほとんど茎を抱かない。ギンランに比べて苞葉は細長く、総状花序より明らかに高くなる。

花期：5月
高さ：20～50cm
環境：明るい樹林内にやや少

2016.5.3

2015.4.16

ユウシュンラン

祐舜蘭　ラン科

Cephalanthera subaphylla

夏緑の多年草。葉は花序のすぐ下に1～2個の小型の葉をつける。花はギンランに似るが、唇弁基部の距は強く突き出る。和名は植物学者の工藤祐舜にちなむ。

花期：4～5月
高さ：5～15cm
環境：明るい樹林内に稀

1991.5.19

エビネ

海老根　ラン科

Calanthe discolor

常緑の多年草。茎の基部が肥大した偽球茎がじゅず状に連なる。葉は2～3個が根生し、5脈が目立つ。3萼片と2個の側花弁は同形､唇弁は扇形で3深裂する。

花期：4～5月
高さ：20～40cm
環境：やや湿った樹林内にやや少

2013.5.1

クマガイソウ

熊谷草　ラン科

Cypripedium japonicum

夏緑の多年草。葉は扇形で2枚がほぼ対生する。花は茎頂に1個つけ、3萼片と側花弁は淡緑色で開き、唇弁は袋状で大きく、紅紫色の筋がある。

花期：4～5月
高さ：20～40cm
環境：林縁や樹林内に稀

ヒメフタバラン

姫双葉蘭　ラン科

Neottia japonica

３角状卵形の葉を２枚対生状につけ、総状花序に淡緑褐色花を２～６個まばらにつける。萼片と側花弁は後方に反り返り、唇弁は先が深く２裂する。

花期：4月
高さ：5～30cm
環境：樹林内に稀

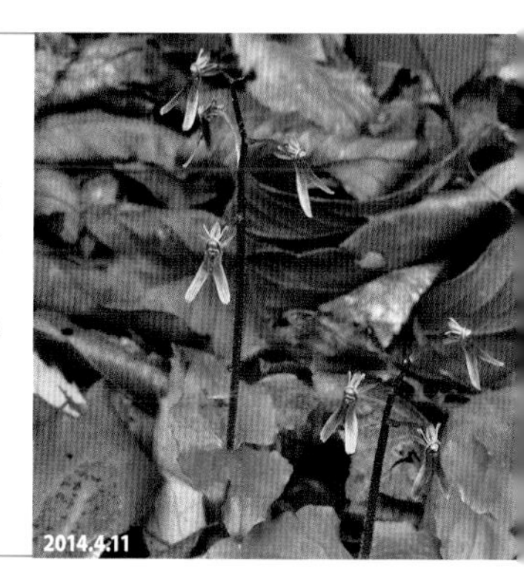
2014.4.11

カヤラン

榧蘭　ラン科

Thrixspermum japonicum

常緑の多年草。葉は２列に互生、やや湾曲し革質で長さ３～6cm。花は葉腋の短い花序に２～４個つけ、黄緑色地に紅紫色の細かい斑紋がある。

花期：4～5月
長さ：3～10cm
環境：樹幹に着生し、稀

2019.5.13

セッコク

石斛　ラン科

Dendrobium moniliforme

常緑の多年草。茎は叢生し、葉は披針形で基部は葉鞘となって節間を包む。花は葉が落ちた茎の上部につき、白色ときに淡紅色を帯びる。

花期：5～6月
高さ：5～30cm
環境：6号路のスギ樹幹に着生、稀

2012.5.31

2014.6.4

ヨウラクラン

瓔珞蘭　ラン科

Oberonia japonica

常緑の多年草。葉は多肉質で偏平、2～6個が2列に互生する。茎頂より細長い総状花序を下垂し、淡黄褐色の小さい花を輪生して多数つける。

花期：5～6月
長さ：2～8cm
環境：樹幹に着生し、稀

2012.6.2

サイハイラン

采配蘭　ラン科

Cremastra variabilis

多年草。葉は1個で3本の主脈が目立ち、秋に開き花後に枯れる。花茎は直立し、片側に偏って8～20花をつける。花は淡緑色～紅紫色でやや下向きに半開する。

花期：5～6月　高さ:30～50cm
環境：山麓の樹林内にやや多

2014.6.4

ヒトツボクロ

一黒子　ラン科

Tipularia japonica

常緑の多年草。葉は長卵形で1個、上面は深緑色で中脈は白く、下面は紅紫色を帯びる。花茎は細く上部に淡黄緑色の花を疎らに5～10個つける。

花期：5～6月
高さ：20～30cm
環境：モミ林やスギ林などに稀

ネジバナ

振花　ラン科

Spiranthes sinensis* var. *amoena

別名モジズリ。多年草。葉は2～3個を根生し、花茎の上部に多数の花をらせん状につける。唇弁は白色で先は下方に曲り、縁に鋸歯がある。

花期：5～8月
高さ：10～40cm
環境：山麓の芝地に多

1993.7.3

エゾスズラン

蝦夷鈴蘭　ラン科

Epipactis helleborine

別名アオスズラン、ハマカキラン。夏緑の多年草。茎や花序に短毛があり、数個の葉を互生し、葉の基部は茎を抱く。総状花序に淡緑色花を20～30個をつけ、下方の苞は花より長い。
唇弁は白色で内部が褐色。

花期：6～7月　高さ：30～60cm
環境：樹林内に稀

2015.6.29

2016.6.26

スズムシソウ

鈴虫草　ラン科

Liparis makinoana

夏緑の多年草。茎の基部は卵球形に肥大し、楕円形の葉を2個つける。3個の萼片は広線形、2個の側花弁は線形で下方に反り返り、唇弁は倒卵形で大きく、長さ12～18mm。

花期：5～6月
高さ：10～30cm
環境：湿った樹林内に稀

1986.5.18

1986.5.18

1980.6.22

ジガバチソウ

似我蜂草　ラン科
Liparis krameri

夏緑の多年草。茎の基部は卵球形に肥大して、広卵形の葉を2個つける。3個の萼片と2個の側花弁は線形、唇弁は狭倒卵形で基部より1/3のところで下方に急に曲がり、先端は尾状に突出する。

花期：6～7月
高さ：8～20cm
環境：樹林内に稀

1986.6.12

2014.6.26

クモキリソウ

蜘蛛切草　ラン科
Liparis kumokiri

夏緑の多年草。茎の基部は卵球形に肥大して、長楕円形の葉を2個つけ、その縁は細かく波打つ。花は淡緑色、3個の萼片は広線形、2個の側花弁は線形、唇弁は長さ5～6mm、上半部は強く反り返る。

花期：6～8月　高さ：10～25cm
環境：樹林内にやや稀

2014.7.8

コクラン

黒蘭　ラン科

Liparis nervosa

常緑の多年草。茎の基部は２～３節が円柱形に肥大し、広楕円形の葉を２～３個つける。花は暗紅紫色、３個の萼片は狭長楕円形、２個の側花弁は線形、唇弁の上半部は強く反り返り、縁に微鋸歯がある。

花期：7～8月
高さ：15～30cm
環境：山麓の樹林内に稀

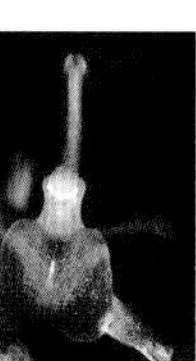

1990.7.1

1988.7.2

トンボソウ

蜻蛉草　ラン科

Platanthera ussuriensis

夏緑の多年草。茎の下部に長楕円形の葉が２個ある。花は黄緑色、背萼片と側花弁はかぶと状になり、側萼片は長楕円形で横に張りだし、唇弁は舌状形で基部両側に小さな側裂片があり、距は長さ５～10mm。

花期：7～8月
高さ：20～30cm
環境：湿った樹林内に稀

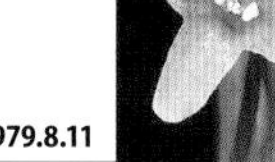

1979.8.11

1986.7.28

2012.7.30　2012.7.30

オオバノトンボソウ

大葉蜻蛉草　ラン科

Platanthera minor

夏緑の多年草。茎は著しい稜角があり、下方に２～３個の葉を互生する。花は黄緑色、背萼片は広卵形で側花弁とともにかぶと状、側萼片は鎌状に上方に曲がり、唇弁は舌状で後方に曲がり、距は長さ 12 ～ 15mm。

花期：7 ～ 8 月　高さ：30 ～ 60cm
環境：樹林内に少

1995.8.14　1995.8.14

アオフタバラン

青双葉蘭　ラン科

Neottia makinoana

夏緑の多年草。葉は茎の基部近くに2個対生状につけ、青緑色で淡色の筋がある。花茎は有毛、数個の鱗片葉がある。花は淡緑色、萼片と側花弁は広線形、唇弁は倒卵状長楕円形で先は２裂する。

花期：7 ～ 8 月　高さ：10 ～ 20cm
環境：樹林内に稀

2014.7.23

ハクウンラン

白雲蘭　ラン科

Kuhlhasseltia nakaiana

常緑の多年草。全体に細毛があり、葉は卵円形で茎を抱く鞘がある。３個の萼片は基部が合着して筒状となり、唇弁の先は楕円状４角形で２裂する。

花期：7 ～ 8 月　高さ：3 ～ 13cm
環境：湿った樹林内に稀

ベニシュスラン

紅繻子蘭　ラン科

Goodyera biflora

常緑の多年草。葉は濃緑色で白色の網目模様がある。花は1～3個を横向きにつけ、淡紅色で半開、萼片は外面に縮毛があり、長さ2～3cm。

花期：7～8月
高さ：4～8cm
環境：湿った樹林内に稀

1977.8.20

ミヤマウズラ

深山鶉　ラン科

Goodyera schlechtendaliana

常緑の多年草。葉は広卵形で上面は青緑色で網目状の白斑がある。花は白色または淡紅色で花序の一方に偏ってつける。萼片の外面には縮毛がある。

花期：8～9月
高さ：10～25cm
環境：樹林内に稀

1989.9.15

アケボノシュスラン

曙繻子蘭　ラン科

Goodyera foliosa* var. *laevis

常緑の多年草。茎は基部が地を這って立ち上がり、4～6個の葉を互生し、葉には3脈が目立つ。花は花序の片側に3～7個偏ってつけ、淡紅色～白色花を半開する。

花期：9～10月　高さ：5～10cm
環境：樹林内に稀

1993.9.24

……菌類寄生の植物(菌従属栄養植物)……

ラン科のオニノヤガラやツツジ科のギンリョウソウなどは葉緑素を持たない植物で、菌類から栄養をもらって生活している。このような植物をかつては腐生植物と呼んでいた。しかし、菌類と共生関係にあるのではなく、菌類に一方的に寄生しているので、最近は菌従属栄養植物といわれる。生育に必要なものはすべて菌類から得ているため、不要な器官が退化し、花を咲かせ、種子を散布するとき以外は地上に姿を現すこともない。

2016.5.29

オニノヤガラ

鬼の矢柄　ラン科
Gastrodia elata

ナラタケから栄養をもらっている。地下にジャガイモ状の塊茎がある。茎は黄褐色で太く、鱗片葉をまばらに互生する。萼片と側花弁は壺状に合着し、唇弁の先は壺の中から出て縁は細裂する。

1991.7.20

花期：6～7月
高さ：40～100cm
環境：樹林内にやや稀

2012.7.13

マヤラン

摩耶蘭　ラン科
Cymbidium macrorhizon

菌従属栄養植物ではあるが、茎や果皮に葉緑体があり、多少は光合成を行っている。花は花茎の上部に疎らに2～5個つけ、乳白色で太い赤紫色の筋が入る。

花期：6～8月
高さ：10～30cm
環境：樹林内に稀

ムヨウラン

無葉蘭　ラン科

Lecanorchis japonica

ベニタケやチチタケから栄養をもらっている。数本の花茎を直立し、先に淡黄色〜黄褐色の花を数個つける。萼片と側花弁は同形、唇弁は白色で内面に黄色の毛が密生する。

花期：6 〜 7 月
高さ：30 〜 40cm
環境：樹林内にやや稀

2012.6.15

2012.6.15

キバナノショウキラン

黄花の鍾馗蘭　ラン科

Yoania amagiensis

花茎は淡黄褐色で肉質。花は花茎に 5 〜 20 個つけ、長い柄があり、淡黄褐色で上向きに半開する。萼片 3 個は離生し長楕円形、側花弁は卵形、唇弁は袋状で距は前方に曲がる。

花期：7 〜 8 月
高さ：20 〜 40cm
環境：落葉樹林内に稀

1992.7.6

1994.7.9　2012.7.14

ツチアケビ

土木通　ラン科

Cyrtosia septentrionalis

ナラタケから栄養をもらっている。茎は枝分かれし、褐色の短毛があり、黄褐色の花を多数つける。萼片と側花弁はほぼ同形、唇弁は黄色、肉質で縁は細裂する。果実はウィンナーソーセージ状の液果で赤く熟す。

花期：6～7月
高さ：50～100cm
環境：樹林内にやや稀

果実　1973.9.16

2015.9.22

クロヤツシロラン

黒八代蘭　ラン科

Gastrodia pubilabiata

クヌギタケなどから栄養をもらっている。花は花茎の先に1～8個つけ、花期には背が低く、落ち葉の間で咲くため発見しにくい。花柄は花後に著しく長く伸び、果実は暗紫褐色。

花期：9～10月
高さ：花期は1～3cm
**　　　果期は10～40cm**
環境：スギ林内に稀

果実　2014.11.2

ギンリョウソウ

銀竜草　ツツジ科
Monotropastrum humile

ベニタケから栄養をもらっている。植物体は白色で、茎には鱗片葉が互生する。花弁や萼裂片は縁に鋸歯がなく、果期に残る。果実は卵球形の液果で裂開しない。

花期：4～7月　高さ：10～20cm
環境：樹林内にやや少

2011.6.28

アキノギンリョウソウ

秋の銀竜草　ツツジ科
Monotropa uniflora

別名ギンリョウソウモドキ。花は茎の先に1個つけ、萼片と花弁は縁に不規則な鋸歯があり、果期に脱落する。果実は卵球形のさく果で裂開する。

花期：9～10月
高さ：10～30cm
環境：樹林内に稀

2014.9.13

シャクジョウソウ

錫杖草　ツツジ科
Hypopitys monotropa

植物体は淡黄褐色で、茎上部や花柄には淡黄褐色毛が密生する。茎の先に4～8個の花を下向きにつける。果実はさく果で直立し、萼と花弁は脱落する。

花期：6～8月
高さ：10～30cm
環境：樹林内に稀

2014.7.2

寄生植物

ヤマウツボやナンバンギセルなども葉緑素を持たないが、こちらは他の植物の根から栄養をもらって生活している寄生植物である。ナンバンギセルはススキなどイネ科植物に寄生し、ヤマウツボはブナ科、カバノキ科、ヤナギ科などの多くの樹種の根に寄生する。

2014.4.27

ヤマウツボ

山靭　ハマウツボ科

Lathraea japonica

多くの樹種の根に寄生。地下茎は分枝し鱗片葉に密に包まれ、地上に肉質の花茎を直立し、総状花序に多数の花を密生する。上唇は下唇より長く、雄しべは花冠の外に突き出る。

花期：4～7月
高さ：10～30cm
環境：樹林内に稀

2011.6.28

キヨスミウツボ

清澄靭　ハマウツボ科

Phacellanthus tubiflorus

カシ類、アジサイ類、タニウツギ類などに寄生する。地下茎から肉質の花茎を叢生する。花茎ははじめ白色で後に黄白色となり、頭状に5～10花をつける。

花期：4～7月
高さ：5～12cm
環境：樹林内に稀

ナンバンギセル

南蛮煙管　ハマウツボ科

Aeginetia indica

単子葉植物に寄生する1年草。茎はごく短く少数の鱗片葉があり、その腋から長い花柄を伸ばす。萼は先が尖り、花冠裂片の縁には細歯牙がない。

花期：7～9月
高さ：15～30cm
環境：草地や林縁にやや稀

2012.9.22

オオナンバンギセル

大南蛮煙管　ハマウツボ科

Aeginetia sinensis

1年草。カヤツリグサ科スゲ属やイネ科植物に寄生することが多い。萼裂片の先はやや鈍く、筒状の花冠はより大きく、花冠裂片の縁に細歯牙がある。

花期：7～9月
高さ：15～30cm
環境：草地や林縁に稀

2017.9.9

ネナシカズラ

根無葛　ヒルガオ科

Cuscuta japonica

つる性の1年草。さまざまな草本や低木に寄生し、宿主にからみついて寄生根から水と養分を摂取する。茎は針金状で紫褐色の斑点がある。

花期：8～9月
高さ：低木に登る
環境：草地や林縁に稀

2013.10.3

夏の花

ここでは７月中に咲き始め、８月中に花の最盛期が過ぎる草本を紹介する。樹林内は暗く花の種類は少ないが、湿った岩場にイワタバコが咲き、林縁や草地にはヤマユリ、ウツボグサ、シシウドなどが咲く。夏至を過ぎるまでは、山麓から山上に向かって季節が進んできたが、その後は山の上から秋がやってくる。お盆を過ぎる頃には秋の草花が咲き始める。

1994.7.25

ヤマユリ

山百合　ユリ科
Lilium auratum

多年草で地下に鱗茎がある。葉は互生し、広披針形で顕著な３脈がある。６個の花被片は同形で、萼と花弁の区別がなく、白色で内面に赤褐色の斑点がある。

花期：7～8月　高さ：1～1.5ｍ
環境：草地や林縁に多

2018.7.13

コオニユリ

小鬼百合　ユリ科
Lilium leichtlinii

多年草で地下に鱗茎がある。葉は線形で、葉腋にオニユリのようなむかごはつけない。花は橙赤色で濃色の斑点がある。自然草地の植物で最近は減少が著しい。

花期：7～8月　高さ：1～2ｍ
環境：草地に稀

2012.8.9

ウバユリ

姥百合　ユリ科
Cardiocrinum cordatum

多年草で地下に鱗茎がある。葉は卵心形で網状脈があり、ときに上面の脈が褐色を帯びる。茎頂に１～８個の花を横向きにつけ、花被片は緑白色で全開しない。

花期：7～8月　高さ：50～100cm
環境：沢沿いの湿った樹林内に多

ノカンゾウ

野萱草　ワスレグサ科
Hemerocallis fulva* var. *disticha

APG分類体系で旧ユリ科から移されたが、科の和名にはススキノキ科やツルボラン科が使われることもある。花は橙赤色の6弁花をつける。

花期：7〜8月　高さ：50〜100cm
環境：川の土手や林縁の草地などにやや稀

2013.7.3

ヤブカンゾウ

藪萱草　ワスレグサ科
Hemerocallis fulva* var. *kwanso

花は橙赤色、雄しべが花弁に変わった八重咲で結実しない。古い時代に中国から栽培品が渡来したといわれるが、中国に野生はなく原産地は不明。

花期：7〜8月
高さ：50〜100cm
環境：山麓の水田畔などに多

2013.6.30

ヒオウギ

檜扇　アヤメ科
Iris domestica

多年草。葉は扇状に2列に互生し粉白を帯びる。花は橙色で赤色の斑点がある。種子は径5mmの球形で黒く光沢があり、果実が裂けても中軸に残る。

花期：7〜8月
高さ：60〜100cm
環境：草原や草地に稀

2013.7.31

2013.7.31

キツネノカミソリ

狐の剃刀　ヒガンバナ科

Lycoris sanguinea* var. *sanguinea

多年草で卵球形の鱗茎がある。葉は叢生し幅8～10mm、晩秋に出て翌年の春に枯れる。花被片は長さ5～8cmで、雄しべは花被片より短い。

花期：8～9月
高さ：30～50cm
環境：林縁に多

2012.8.13

オオキツネノカミソリ

大狐の剃刀　ヒガンバナ科

Lycoris sanguinea* var. *kiushiana

キツネノカミソリの変種で全体に大型。花被片は長さ7～9cmあり、雄しべは花被片より長く突き出る。葉は幅10～15mmある。

花期：8～9月
高さ：30～50cm
環境：林縁に稀

2012.8.15

ナツズイセン

夏水仙　ヒガンバナ科

Lycoris squamigera

多年草で広卵形の鱗茎がある。葉は淡緑色帯状で幅18～25mm、春に出て夏に枯れる。花は淡紅紫色で、雄しべは花被片とほぼ同長。中国原産の帰化植物。

花期：8～9月　高さ：50～70cm
環境：人家付近の草地に稀

オオバギボウシ

大葉擬宝珠　クサスギカズラ科
Hosta sieboldiana

多年草。葉身は広卵形で基部は心形、脈は片側に9～12個あり、下面脈上に多少とも突起状毛がある。苞は緑白色から白色で、開花時には直角に開出する。花は淡紫色。

花期：6～8月
高さ：50～120cm
環境：草地や林縁に多

1994.7.9

コバギボウシ

小葉擬宝珠　クサスギカズラ科
Hosta sieboldii

多年草。葉身は狭卵形または楕円形、基部はしだいに狭くなって葉柄に続き、脈は片側に3～6個あり、下面脈上は平滑。苞は緑色。花は淡紫色から紫色で、内側に濃紫色の筋がある。

花期：7～8月
高さ：40～50cm
環境：草原や草地にやや少

2012.8.15

2012.9.3

ヤブラン

藪蘭　クサスギカズラ科
Liriope muscari

常緑の多年草。叢生し匐枝は出さない。葉は線形で幅5～15mm。円柱状の総状花序に多数の紫色花をつける。ヤブランやジャノヒゲの仲間は液果をつけるように見えるが、果皮は失われて種子が露出している。

花期：8～9月　高さ：20～60cm
環境：山麓の樹林内に多

果実　2014.11.21

2016.7.16

ヒメヤブラン

姫藪蘭　クサスギカズラ科
Liriope minor

常緑の多年草。匐枝を出して群生する。葉は幅1.5～3mmで縁は平滑。花序は花数が少なく、淡紫色の花を上向きに開き、雄しべには明らかな花糸があり、葯の先は尖らない。種子は紫黒色に熟す。

花期：6～8月　高さ：5～15cm
環境：草地に多

果実　2015.11.11

ジャノヒゲ

蛇の髭　クサスギカズラ科
Ophiopogon japonicus

常緑の多年草。匐枝を出して群生し、根には楕円形の肥厚部が見られる。葉は幅２～4mmで縁はざらつく。花は白色～淡紫色で下向きに開き、花糸はごく短く、葯の先は尖る。種子は青色に熟す。

花期：6～8月
高さ：5～15cm
環境：山麓の樹林内に多

果実　2017.12.2

2013.7.14

オオバジャノヒゲ

大葉蛇の髭　クサスギカズラ科
Ophiopogon planiscapus

常緑の多年草。葉は叢生し、幅4～8mmで縁はざらつく。花は総状花序に多数つけ、白色～淡紫色の６弁花で下向きに開く。種子は藍色に熟し、液果に見えるが、果皮は失われている。

花期：6～8月
高さ：20～30cm
環境：山麓の樹林内にやや少

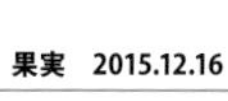
果実　2015.12.16

2016.7.2

2012.7.13

ヤブミョウガ

薮茗荷　ツユクサ科
Pollia japonica

多年草。茎は直立し、大型の葉を互生する。茎頂の円錐状集散花序に径7～10mmの白色花をつける。花には雄花と両性花がある。果実は球形で青藍色、乾いているが裂開しない。

花期：7～9月
高さ：50～100cm
環境：山麓の湿った樹林内に多

果実　2015.10.18

雄花　2012.7.18

シオデ

牛尾菜　サルトリイバラ科
Smilax riparia

つる性の多年草。茎に刺はなく、葉柄の基部に托葉が変形した巻きひげがある。葉身は卵状長楕円形で基部は心形、下面は淡緑色で光沢があり、3～5脈が目立つ。雌雄異株。果実は液果で黒く熟す。

花期：7～8月
高さ：低木に登る
環境：林縁に多

果実　2015.11.7

ヤマノイモ

山の芋　ヤマノイモ科
Dioscorea japonica

つる性の多年草。地下に１年で更新するイモがあり食用にされる。つるは右巻きに巻き上がり、葉は対生、葉腋にむかごをつける。雌雄異株。雌花序は下垂する。種子は全周に翼がある。

花期：７～９月　高さ：低木に登る
環境：林縁に多

雄花序　2016.7.20

オニドコロ

鬼野老　ヤマノイモ科
Dioscorea tokoro

つる性の多年草。地下に横にはった根茎がある。つるは左巻きに巻き上がり、葉は互生し、むかごはつけない。雌雄異株。雄花序は直立し、雌花序は下垂する。

花期：７～９月
高さ：低木に登る
環境：林縁に多

雄花序　2014.8.13

ヒメドコロ

姫野老　ヤマノイモ科
Dioscorea tenuipes

つる性の多年草でオニドコロによく似ている。葉身は３角状卵形～３角状披針形で基部は耳状に強く張り出す。雄花序と雌花序はともに下垂する。

花期：７～９月
高さ：低木に登る
環境：林縁にやや少

雌花序　2013.7.28

2012.7.30

タケニグサ

竹似草　ケシ科

Macleaya cordata

多年草。茎は中空で葉を互生し、葉の下面は白色で、切ると橙赤色の液が出る。萼は開花と同時に落ち、花弁はなく、雌しべを多数の雄しべが取り巻く。

花期：6～8月
高さ：1～2m
環境：路傍や崩壊地などに多

2016.7.16

オトギリソウ

弟切草　オトギリソウ科

Hypericum erectum

多年草。葉は対生し、基部は茎を抱き、透かすと黒点のみがあり、辺縁の黒点は密に連続する。花は径約2cm、雄しべは3束にまとまり、花柱は3個。

花期：7～9月
高さ：30～60cm
環境：草地や林縁に多

2015.7.4

トモエソウ

巴草　オトギリソウ科

Hypericum ascyron

多年草。茎は4稜がある。葉は対生し、披針形で基部が茎を抱く。花は径4～6cm、黄色の花弁はよじれて巴形になる。雄しべは5束にまとまり、花柱は5個。

花期：7～9月
高さ：50～100cm
環境：草原や草地に稀

ダイコンソウ

大根草　バラ科

Geum japonicum

多年草。根生葉は羽状複葉でダイコンの葉の雰囲気がある。花は黄色で径 1.5 ～ 2cm、のちに花床が盛り上がり球形の集合果となる。各痩果の先（花柱）はかぎ状に曲がり、衣服や動物について散布される。

花期：7 ～ 9 月
高さ：30 ～ 60cm
環境：林縁や明るい樹林内に多

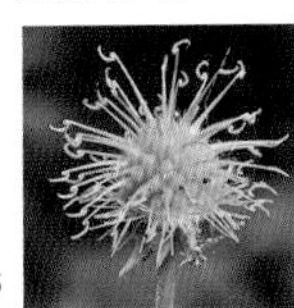

果実　2015.7.25

2012.7.30

レンゲショウマ

蓮華升麻　キンポウゲ科

Anemonopsis macrophylla

多年草。根生葉は 2 ～ 4 回 3 出複葉で小葉は 3 浅裂し、粗い鋸歯がある。長い枝先に淡紫色の花を下向きにつける。外側の花弁状に開いているのは萼片で、中央の短く直立しているのが花弁。

花期：7 ～ 8 月
高さ：30 ～ 60cm
環境：樹林内に稀

1992.7.23

1997.8.11

2015.7.4

アキカラマツ

秋唐松　キンポウゲ科

Thalictrum minus* var. *hypoleucum

多年草。葉は互生し、2～4回3出複葉で、小葉の先は小さく3裂する。茎頂の円錐花序に淡黄色花を多数つける。花に花弁はなく、白色の萼片は開花後すぐに落ち、雄しべの花糸と淡黄色の葯が目立つ。

花期：7～9月
高さ：40～140cm
環境：草地や林縁に多

2013.8.18

2015.6.25

ヤブカラシ

藪枯らし　ブドウ科

Cayratia japonica

つる性の多年草。葉は互生し、葉と対生する巻きひげがある。葉身は5小葉からなる鳥足状複葉。集散花序は葉と対生し、花は両性で4数性、橙色の花盤（花托の一部が大きくなったもの）が目立つ。果実は黒熟するが、結実する個体は少ない。

花期：7～9月　高さ：低木に登る
環境：山麓の林縁に多

2015.6.25

ナンテンハギ

南天萩　マメ科

Vicia unijuga

別名フタバハギ。多年草。茎は直立。葉は対生し、小葉は1対で葉軸の先端に巻きひげはない。葉腋から出る総状花序に青紫色花をつけ、苞は長さ1mmで開花すると直ぐに落ちる。

花期：6～9月
高さ：30～100cm
環境：草地や林縁に少

2015.7.19

コマツナギ

駒繋　マメ科

Indigofera pseudotinctoria

草本状の落葉小低木。茎は横に伸びる。葉は奇数羽状複葉で小葉は長さ約2cm、両面にT字状毛が生える。葉腋に総状花序を出し、紅紫色花を多数つける。豆果は円柱形で長さ約3cm。

花期：7～9月
高さ：10～30cm
環境：路傍や草地に多

2017.7.19

2015.7.7

タカトウダイ

高灯台　トウダイグサ科

Euphorbia lasiocaula

多年草。切ると白色乳液を出す。下部の葉は互生し、花序の直下の葉は輪生し、葉の縁には微細な鋸歯がある。苞葉は花期にも緑色で杯状花序の腺体は楕円形で橙色、果実の表面にはこぶ状の突起がある。

花期：7～9月
高さ：30～80cm
環境：草地や林縁に少

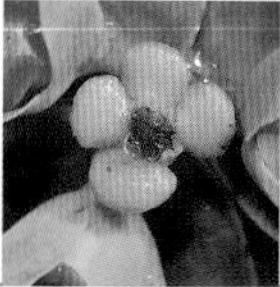
杯状花序　2015.7.7

1991.7.29

ムカゴイラクサ

珠芽刺草　イラクサ科

Laportea bulbifera

多年草。刺毛があり、触れると痛い。葉は互生し、卵状楕円形で鋸歯縁。葉腋にむかごをつける。雌花序は円錐状で上方の葉腋につき、雄花序は下方の葉腋につく。

花期：8～9月
高さ：30～60cm
環境：沢沿いの湿った樹林内に多

むかご　2013.9.9

カラスウリ

烏瓜　ウリ科

Trichosanthes cucumeroides

つる性の多年草。巻きひげの先は1～2分岐する。葉は互生し、3～5浅裂し、両面とも有毛。雌雄異株。花は夜開いて翌朝にはしぼんでしまう。果実は楕円形で朱色に熟し、種子は中央に隆起した帯がある。

花期：7～9月
高さ：亜高木に登る
環境：林縁に多

2013.7.10

果実　2014.10.4

キカラスウリ

黄烏瓜　ウリ科

Trichosanthes kirilowii* var. *japonica

つる性の多年草。巻きひげは2～5分岐し、成葉は両面無毛。カラスウリよりも早く開花し、朝は遅くまで開いている。果実はほぼ球形で黄色に熟し、種子に隆起した帯はない。根から製した白いでんぷんを天瓜粉（てんかふん）といい、子供のあせもの防止に用いられた。

花期：7～9月
高さ：亜高木に登る
環境：林縁にやや少

2016.7.23

果実　2015.12.30

2012.9.22

スズメウリ

雀瓜　ウリ科

Zehneria japonica

つる性の1年草または多年草。巻きひげの先はふつう分岐しない。葉は3角形で縁に粗い鋸歯がある。ふつう雌雄同株。果実は径1cmほどの球形で白く熟す。つるの先が地面について新株をつくることがある。

花期：8～9月
高さ：低木に登る
環境：林縁にやや少

果実　2012.12.2

1998.9.10

ナンバンハコベ

南蛮繁縷　ナデシコ科

Silene baccifera* var. *japonica

つる性の多年草。葉は対生し、卵形～広披針形。花は両性。白色の花弁は途中で外曲し、先は2裂する。果実には黄緑色の萼が宿存し、はじめ黒い液果状で、後に果皮は乾いて脆くなる。

花期：8～9月
高さ：低木に登る
環境：林縁に稀

1989.8.4

フシグロセンノウ

節黒仙翁　ナデシコ科
Silene miqueliana

多年草。茎は疎らに軟毛があり、節が黒紫色を帯びる。葉は対生し、卵形～長楕円状披針形で長さ5～14cm。花は両性。萼は円筒状、5個の花弁は朱赤色で幅が広く、基部に鱗片状の付属体がある。果実はさく果で5裂する。

花期：8～9月
高さ：50～80cm
環境：林縁や明るい樹林内に稀

2012.8.9

2012.8.15

カワラナデシコ

河原撫子　ナデシコ科
Dianthus superbus
var. *longicalycinus*

全草ほとんど無毛。葉は対生し、線形～披針形で粉白を帯び、基部は茎を抱く。萼は長さ3～4cmの円柱状。花弁は淡紅色で先は細かく深く裂け、内面には濃紅色の毛が生える。

花期：7～9月
高さ：30～80cm
環境：草地や林縁に稀

1993.7.26

2012.8.13

タニタデ

谷蓼　アカバナ科
Circaea erubescens

多年草。細長い地下茎を引く。茎はほぼ無毛で節は紅色を帯びる。葉は有柄で対生し、卵形で基部は切形、縁に浅い鋸歯がある。萼片、花弁、雄しべはともに２個。果実は倒卵形でかぎ状の毛が密生する。

花期：7～9月
高さ：10～60cm
環境：沢沿いの湿った樹林内に多

2012.8.26

ミズタマソウ

水玉草　アカバナ科
Circaea mollis

多年草。茎は下向きの細毛が生え、節は赤色を帯びる。葉は対生し、卵状長楕円形で基部は円形～くさび形。花は２数性で、花弁は白色で先は２裂。果実は広倒卵形で４本の縦溝があり、かぎ状毛を密生する。

花期：7～9月
高さ：25～60cm
環境：湿った樹林内や林縁に多

2015.8.27

ウシタキソウ

牛滝草　アカバナ科

Circaea cordata

多年草。茎や葉柄は開出毛が多く、短毛や腺毛が混じる。葉は3角状広卵形で基部は心形、下面には伏毛が多く、縁には低鋸歯がある。花は2数性。果実は球形で溝があり、かぎ状毛を密生する。

花期：7～9月
高さ：30～60cm
環境：湿った樹林内や林縁に少

2012.8.15

2012.8.15

オニルリソウ

鬼瑠璃草　ムラサキ科

Cynoglossum asperrimum

越年草。茎には開出した粗い毛が生える。葉は互生し、広披針形で両端が尖り、疎らに粗い毛が生える。花冠は淡青紫色で径約5mm、先は5深裂し、喉部に付属体がある。果実は4分果に分かれ、かぎ状の刺がある。

花期：7～9月
高さ：40～80cm
環境：崩壊地や荒れ地にやや稀

2014.7.23

2013.8.9

2012.7.25

イワタバコ

岩煙草　イワタバコ科

Conandron ramondioides* var. *ramondioides

多年草。葉身は楕円状卵形で基部は左右がほぼ対称、上面は光沢があって皺が多い。花茎の先の散形花序に紅紫色花をつける。ケイワタバコ var. *pilosum* は花茎が有毛で花期が１ヶ月ほど早いが、高尾山ではまだ見つかっていない。

花期：7～8月
高さ：10～20cm
環境：湿った岩場にやや少

2012.7.9

2013.7.9

ハエドクソウ
2015.8.19

ナガバハエドクソウ

長葉蠅毒草　ハエドクソウ科

Phryma oblongifolia

多年草。葉は対生し、長楕円形で基部はくさび形、下面の細脈は不明瞭。花冠は２裂した上唇の両側に平坦な広がりがない。高尾山にはハエドクソウ *P. nana* もある。葉が広卵形で基部は心形、下面は細脈まで明瞭で、花冠は２裂した上唇の両側にやや平坦な広がりがある。

花期：7～9月
高さ：50～70cm
環境：樹林内に多

ヒナノウスツボ

雛の臼壺　ゴマノハグサ科

Scrophularia duplicatoserrata

多年草。茎は軟弱で４稜があり無毛。葉は対生、卵状楕円形で縁には粗い鋸歯がある。茎頂に疎らな円錐花序をつける。花冠は壺形で先は唇形、上唇は紫褐色で２裂、下唇は淡緑色で３裂する。

花期：7～9月
高さ：40～100cm
環境：樹林内に稀

1989.7.9

オオヒナノウスツボ

大雛の臼壺　ゴマノハグサ科

Scrophularia kakudensis

多年草。茎は硬く直立して４稜がある。葉は対生し、狭卵形でごわごわした質感で、縁には細かい鋸歯がある。茎頂にやや密な円錐花序をつけ、紫褐色で壺形の花を多数つける。

花期：8～9月
高さ：80～150cm
環境：伐採地や草地などに稀

2015.8.11

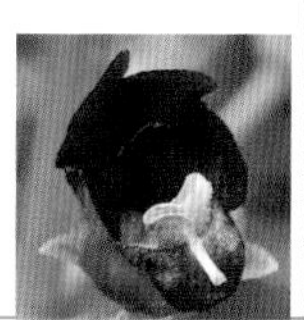

2017.9.9

2016.8.13

ヒメトラノオ

姫虎の尾　オオバコ科

Veronica rotunda* var. *petiolata

多年草。APG分類体系でゴマノハグサ科からオオバコ科に移された。葉は狭披針形で対生し、基部は短い葉柄状となる。茎頂に細長い総状花序を出し、淡青紫色花を密生する。花冠は深く4裂し、雄しべは2本。

花期：8～9月
高さ：40～80cm
環境：草原や草地に稀

2013.9.9

果実　2012.8.26

イガホオズキ

毬酸漿　ナス科

Physaliastrum echinatum

多年草。茎や葉は軟弱。葉は互生し、卵形または広卵形で先は急に短く尖る。葉腋に黄白色花を下垂する。萼は花時に鐘形で軟毛があり、花後に大きくなり液果を密着して包み、軟毛は表面の突起になる。

花期：7～9月
高さ：50～70cm
環境：湿った樹林内に稀

ガガイモ

蘿藦　キョウチクトウ科

Metaplexis japonica

つる性の多年草。植物体を傷つけると白色乳液が出る。葉は対生し卵状心形。葉腋から花序を出し、径 10mm ほどの淡紫色花をつける。花冠は 5 裂し、内面に白軟毛が密生。果実は表面にいぼ状の突起があり、白色絹毛のある種子を出す。

花期：8 月
高さ：低木に登る
環境：林縁や草地にやや多

裂開した果実
2016.11.25

1993.8.12

イケマ

牛皮消　キョウチクトウ科

Cynanchum caudatum

つる性の多年草。傷つけると白色乳液が出る。葉は対生し、卵状心形。葉腋に葉柄より長い散形花序を出し白色花をつける。この地域のものは花冠裂片が反り返らないので、細分すればタンザワイケマ var. *tanzawamontanum* である。

花期：7 ～ 8 月
高さ：低木に登る
環境：林縁や草地に少

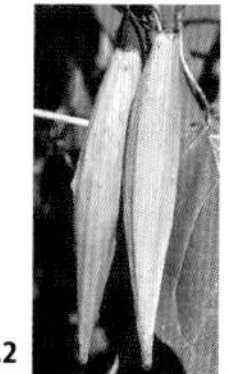

果実　1992.10.2

1997.7.17

2013.7.31

コイケマ

小牛皮消　キョウチクトウ科
Cynanchum wilfordii

つる性の多年草。傷つけると白色乳液が出る。葉は卵状心形で基部はガガイモやイケマよりも深く湾入する。花序の柄は葉柄より短く、花冠裂片は淡黄白色で平開しない。

花期：7～8月
高さ：低木に登る
環境：林縁に稀

2013.7.28

オオカモメヅル

大鴎蔓　キョウチクトウ科
Vincetoxicum aristolochioides

つる性の多年草。葉は長い柄があって対生し、葉身は長３角形で基部は心形。葉腋に疎らな集散花序を出し、径５～7mmの暗紫色花をつける。果実は細長く，２個が直線状に開出してつく。

花期：7～9月
高さ：1～2ｍ
環境：樹林内に多

果実　2013.9.22

メハジキ

目弾き　シソ科

Leonurus japonicus

越年草。茎葉は対生し、深く裂ける。花は茎上部の葉腋に集まって花輪をつくり、花冠は紅紫色で上唇の背面と筒部には白毛が密生する。

花期：7～9月
高さ：50～100cm
環境：路傍や林縁などにやや稀

キセワタ

着せ綿　シソ科

Leonurus macranthus

多年草。葉は対生し、卵形または狭卵形で粗い鋸歯がある。花は茎上部の葉腋に数個集まり花輪をつくる。花冠は紅紫色、上唇の背面は白毛が密生する。

花期：7～9月
高さ：50～100cm
環境：草地や林縁に稀

2015.7.15

ウツボグサ

靭草　シソ科

Prunella vulgaris* subsp. *asiatica

多年草。茎は地を這って伸び、先が立ち上がる。葉は柄があって対生し、卵状長楕円形。茎頂に密な花穂をつけ、苞葉の縁の白毛が目立つ。

花期：6～8月
高さ：10～30cm
環境：草地に多

イヌゴマ

犬胡麻　シソ科

Stachys aspera* var. *hispidula

多年草。横走する地下茎があり、茎の稜に下向きの刺毛がある。葉身は３角状披針形で鈍鋸歯縁。上部の葉腋に３～６花が花輪をつくり、それが数段の花穂となる。

花期：7～8月
高さ：30～70cm
環境：湿った草地に少

ニガクサ

苦草　シソ科

Teucrium japonicum

多年草。葉は長卵形で整った鋸歯があり、葉身の1/4～1/5の柄がある。花は淡紅紫色。萼は無毛または短毛がある。

花期：7～9月
高さ：20～40cm
環境：湿った草地に少

カワミドリ

川緑　シソ科

Agastache rugosa

多年草。葉は３角状卵形で基部は心形、下面には微細な白毛と腺点がある。萼は短毛と腺点があり、花冠は紅紫色で雄しべと雌しべが長く突き出る。

花期：7～9月
高さ：40～100cm
環境：草地に稀

クルマバナ

車花　シソ科
Clinopodium coreanum* subsp. *coreanum

多年草。上部の葉腋に花が集まって花輪をつくり、花輪基部の小苞は針形で白長毛があり、萼筒より長くて目立つ。花冠は紅紫色で長さ8～10mm。

花期：8～9月　高さ：20～80cm
環境：草地にやや少

2017.7.28

ヤマクルマバナ

山車花　シソ科
Clinopodium chinense* subsp. *glabrescens

別名アオミヤマトウバナ。多年草。クルマバナに似るが、花輪基部の小苞は萼筒より短く、花冠は白色～淡紅色で小さく長さ6～8mm。

花期：8～9月　高さ：20～80cm
環境：草地や林縁にやや少

2012.8.13

ソバナ

岨花　キキョウ科
Adenophora remotiflora

多年草。茎の中部の葉は有柄で卵形、縁に粗い鋸歯がある。萼裂片は全縁。花冠は漏斗状鐘形で青紫色、花柱は花冠と同長または少し出る。

花期：7～8月
高さ：50～100cm
環境：落葉樹林内にやや稀

2014.7.15

2017.7.7

キキョウ

桔梗　キキョウ科

Platycodon grandiflorus

多年草。葉は互生、対生または輪生し、狭卵形～広披針形で鋸歯縁。茎の先に青紫色の大きな花が数個つく。果実は倒卵形のさく果で上端で裂開する。

花期：7～9月
高さ：50～100cm
環境：草地や林縁に稀

2011.7.14

カセンソウ

歌仙草　キク科

Inula salicina

多年草。横走する地下茎がある。葉は長楕円状披針形で下面に開出する毛があり、縁には突起状の小鋸歯があり、基部は茎を抱く。頭花は黄色で径3.5～4cm。

花期：7～9月
高さ：60～80cm
環境：草地や林縁に稀

2016.7.2

オオヒヨドリバナ

大鵯花　キク科

Eupatorium makinoi* var. *oppositifolium

多年草。葉は対生。頭花は白色、数個の筒状花からなり、長く突き出た白色の2分岐した花柱が目立つ。高尾山でヒヨドリバナとされていたものは本種。

花期：7～9月　高さ：60～120cm
環境：林縁や草地に多

ムラサキニガナ

紫苦菜　キク科

Paraprenanthes sororia

多年草。茎は軟らかく中空で切ると乳液が出る。葉は３角状卵形で縁は不規則な切れ込みと波状鋸歯がある。疎らな円錐花序に紫色の頭花を多数つける。

花期：6～8月
高さ：70～120cm
環境：樹林内に多

2012.7.25

マルバダケブキ

丸葉岳蕗　キク科

Ligularia dentata

多年草。茎や葉柄に垢状の毛がある。葉は根生し長い柄があって径20～30cm。茎葉は２個で小さく、基部は袋状に茎を抱く。頭花は散房花序につく。

花期：7～9月　高さ：50～120cm
環境：草地や明るい樹林内にやや稀

1998.7.21

メタカラコウ

雌宝香　キク科

Ligularia stenocephala

多年草。根生葉は長い柄があり、３角状心形で先端や基部の張り出しの先は尖る。頭花は総状花序につき、舌状花は黄色で１～３個、総苞片は５個。

花期：6～9月
高さ：60～100cm
環境：湿った草地や樹林内に稀

2013.9.9

2013.7.20

セリ

芹　セリ科

Oenanthe javanica

多年草。全体に無毛。葉は互生し、２回羽状複葉で小葉は鋸歯縁。香味野菜として食用にされる。春の七草の１つ。

花期：7～9月
高さ：20～80cm
環境：湿地や流水縁などに多

2013.8.18

カノツメソウ

鹿の爪草　セリ科

Spuriopimpinella calycina

多年草。茎はひょろ長い感じがする。葉は互生し、下方のものは２回３出複葉、上部のものは３出複葉。散形花序は疎らで、総苞や小総苞は短い。

花期：7～9月
高さ：50～100cm
環境：落葉樹林内にやや少

2012.8.15

シシウド

猪独活　セリ科

Angelica pubescens

多年草。全体に褐色の細毛が多い。葉柄の基部は袋状。葉身は２～３回羽状複葉で小葉は幅広く、頂小葉の基部はしだいに柄に続く。

花期：8～10月
高さ：1～2m
環境：草原や林縁に多

ウマノミツバ

馬の三葉　セリ科
Sanicula chinensis

多年草。根生葉は長い柄があって5深〜全裂、茎葉は3全裂し、裂片の縁には鋸歯がある。花序は頂生し、両性花と雄性花を混生する。果実は卵形でかぎ状の刺が密生し、動物や衣服について散布される。

花期：7〜9月
高さ：20〜80cm
環境：湿った樹林内に多

2013.7.9

2012.7.14

ナベナ

鍋菜　スイカズラ科
Dipsacus japonicus

越年草。茎には刺状の剛毛がある。葉は対生し、羽状に分裂。頭花は径2cmほどの球形、花床の鱗片は緑色で刺状、基部には線形で反曲した総苞片がある。花冠は筒状で先は4裂し、4個の雄しべが突き出る。

花期：8〜9月
高さ：1〜2m
環境：草地や林縁に稀

2017.8.17

2017.8.17

秋の花

ここでは9月から10月に花の最盛期を迎える草本を紹介する。山上ではお盆を過ぎた頃から咲き始め、多くは10月中に咲き終わる。11月初め頃、リンドウ、センブリ、ヤクシソウ、ノコンギク、リュウノウギクが咲き、やがて紅葉が始まると植物観察の季節も終わりが近づく。マメ科植物、シソ科植物、キク科植物は秋に花が咲くものが多い。互いに似たものも多いので、それぞれを集めて比較できるようにした。

1994.9.18

ツルボ

蔓穂　クサスギカズラ科
Barnardia japonica

多年草で鱗茎がある。葉は春と秋の2回出し、春葉は夏に枯れる。秋に2個の葉を出し、その間から花茎を伸ばし、円柱状の総状花序に淡紅紫色花を多数つける。果実は球形のさく果。

花期：8～9月
高さ：20～40cm
環境：草地や林縁に多

2012.7.25

ヤマホトトギス

山杜鵑草　ユリ科
Tricyrtis macropoda

多年草。茎には疎らに毛が生え、葉は互生し、基部が茎を抱く。花は茎頂の散房花序に上向きにつける。花被片は白色に紅紫色の斑点があり、下方に反り返る。ホトトギス属の花柱は3裂し、さらに2中裂し、雄しべの葯を挟むようになる。

花期：8～9月　高さ：10～30cm
環境：山麓の落葉樹林内にやや少

ホトトギス

杜鵑草　ユリ科
Tricyrtis hirta

多年草。茎は斜上または壁から下垂し、毛が多い。花は葉腋に1～3個ずつ上向きにつき、主茎の先から基部に向かって順に咲く。花被片は反り返らない。ホトトギス属の外花被片の基部は胞状に膨らみ距となる。

花期：9～10月　高さ：40～90cm
環境：湿った樹林内や岩場に稀

2013.10.19

2013.10.19

シュロソウ

棕櫚草　シュロソウ科
Veratrum maackii* var. *reymondianum

多年草。基部には古い葉の繊維がシュロ状になって残る。葉は披針形で平行脈が目立つ。細長い円錐花序に径1cmほどの暗紫色花をつける。ホソバシュロソウ var. *maackioides* は全体に細くて小型。

花期：8～9月
高さ：40～80cm
環境：草地や林縁にやや稀

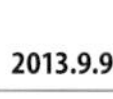
2013.9.9

2013.9.9

2016.11.2

ヤマラッキョウ

山辣韭　ヒガンバナ科
Allium thunbergii

夏緑の多年草で鱗茎がある。葉は断面が鈍３角形で中空。花茎の先に球形の散形花序をつけ、その基部に２片に裂ける苞があり、長さ12～15mmの小花柄の先に紅紫色花をつける。雄しべは花被片より長い。

花期：9～11月
高さ：30～60cm
環境：草原に稀

2011.10.1

ヒガンバナ

彼岸花　ヒガンバナ科
Lycoris radiata

鱗茎をもつ多年草。葉は幅6～8mmの帯状で秋に出て翌春に枯れる。花茎は秋に出て、その先に５～７個の赤色花をつける。花被片の縁は波状で強く反曲し、雄しべは上方に突き出る。３倍体（体細胞の染色体が3本ずつ組になっている生物）で結実しない。

花期：9月下旬
高さ：30～50cm
環境：山麓の土手などの草地に多

キチジョウソウ

吉祥草　クサスギカズラ科

Reineckea carnea

常緑の多年草。葉は広披針形で基部が細くなる。花茎は紅色で葉より低く、穂状に多数の花をつける。花被片は淡紅色で下半部が筒状に合着し、裂片はしだいに反り返る。液果は赤く熟す。

花期：9～11月
高さ：10～20cm
環境：樹林内に少

果実　2012.11.30

2012.11.16

アカバナ

赤花　アカバナ科

Epilobium pyrricholophum

多年草。葉は対生し、卵状披針形で基部は茎を抱き、縁には鋸歯がある。花弁は4個で淡紅色で径約8mm、柱頭は白色でこん棒状。萼片やさく果に腺毛が多い。

花期：7～9月　高さ：15～90cm
環境：草地や明るい湿った所にやや少

2016.9.17

1993.9.24

2011.10.1

アズマレイジンソウ

東伶人草　キンポウゲ科
Aconitum pterocaule

多年草。茎は直立またはつる状に伸長し、径15cmほどの根生葉が花時にも残る。花は淡紅紫色。レイジンソウとは花柄と上萼片に曲がった毛が生えることで区別される。伶人は雅楽を演奏する人で、花の形をその冠に見立てた。

花期：8～10月
高さ：30～80cm
環境：樹林内に稀

2011.10.1

ヤマトリカブト

山鳥兜　キンポウゲ科
Aconitum japonicum* subsp. *japonicum

多年草。茎は斜上し、花時に根生葉はない。茎葉は互生し、3深～中裂する。花柄には下向きの曲がった毛が密生する。花は青紫色で5個の萼片が見え、花弁は上萼片の中にあって見えない。有毒植物。

花期：9～10月
高さ：60～120cm
環境：林縁や明るい樹林内に少

オオバショウマ

大葉升麻　キンポウゲ科

Cimicifuga japonica

多年草。根生葉は長い柄があり、1回3出複葉で、上面脈上は無毛、下面脈上には開出した縮毛がある。細長い穂状花序に白色花をつけ、小花柄はほとんどない。萼片や花弁は早落し雄しべが目立つ。

花期：8～10月
高さ：40～120cm
環境：湿った樹林内にやや少

1993.8.29

2011.10.1

イヌショウマ

犬升麻　キンポウゲ科

Cimicifuga biternata

多年草。葉や花序はオオバショウマに似るが、根生葉は2回3出複葉で、上面脈上は有毛。花に小花柄はほとんどなく、萼片は4～5個で開花と同時に落ち、多数の雄しべが目立つ。

花期：8～10月
高さ：40～90cm
環境：湿った樹林内にやや少

2015.9.14

2013.9.22

2012.10.8

サラシナショウマ

晒菜升麻　キンポウゲ科
Cimicifuga simplex

多年草。根生葉はふつう３回３出複葉で、小葉は両面ともに有毛で、下面脈上の毛は屈毛。茎頂の円柱状の花序に白色花を多数つけ、花には明らかな小花柄がある。果実は袋果。

花期：8～10月
高さ：40～150cm
環境：湿った樹林内に多

2015.10.5

1988.8.23

クサボタン

草牡丹　キンポウゲ科
Clematis stans

多年草とされるが、茎の基部は冬を越して肥大し半低木状。葉は対生し、１回３出複葉で小葉には不ぞろいな鋸歯がある。花は両性または単性で雌雄異株または同株。４個の萼片は白色～淡紫色で開花すると反り返る。

花期：8～9月
高さ：60～100cm
環境：林縁や草地に少

果実　1999.10.10

キンミズヒキ

金水引　バラ科
Agrimonia pilosa* var. *japonica

多年草。葉は互生し、奇数羽状複葉、葉柄の基部両側に扇形の托葉がある。疎らな穂状花序に径 8mm ほどの黄色花をつけ、雄しべは 8～15 本ある。萼は筒部の縁にかぎ状の刺をもち、動物や衣服について散布される。ヒメキンミズヒキ *A. nipponica* は樹林内に生え、花が径 5mm と小さい。

花期：7～10 月
高さ：30～80cm
環境：林縁や草地に多

2013.7.14

ワレモコウ

吾木香／吾亦紅　バラ科
Sanguisorba officinalis

多年草。葉は奇数羽状複葉で小葉は長楕円形で縁には鋸歯があり、葉をもむとスイカの香りがする。頭状の花序に小さな暗紫褐色花を密集し、花序の上の方から先に咲く。花には花弁状の萼片が 4 個ある。雄しべは 4 個で萼片と同長。

花期：8～10 月
高さ：30～80cm
環境：林縁や草地に多

2013.7.31

2012.11.14

2012.10.2

アオミズ

青みず　イラクサ科

Pilea pumila

1年草。全草無毛でみずみずしく軟らかい。葉は互生し、鋸歯が基部近くまであり、頂端の鋸歯が長く伸びる傾向がある。花序は葉腋につく。

花期：7～10月
高さ：30～50cm
環境：沢沿いの湿った樹林内に多

2012.10.8

イラクサ

刺草　イラクサ科

Urtica thunbergiana

多年草。刺毛があり、触れるとチクチクと痛い。葉は対生し、広卵形で基部心形、縁には粗い鋸歯がある。茎の上部の葉腋に雌花序、下方の葉腋に雄花序をつける。

花期：9～10月
高さ：40～80cm
環境：樹林内や林縁にやや少

2016.9.17

タチフウロ

立風露　フウロソウ科

Geranium krameri

多年草。葉は対生し、中部の葉は5～7深裂する。花は径3cmほどの5弁花で、花弁は淡紅紫色で紅色の筋があり、萼片の倍近い長さがある。

花期：8～9月
高さ：60～80cm
環境：草地や林縁にやや稀

ミツバフウロ

三葉風露　フウロソウ科
Geranium wilfordii

多年草。花は径1～1.5cmでゲンノショウコに似るが、下方の葉でも3深裂し、花柄や萼片などに腺毛はない。萼片外面に開出毛のあるものをタカオフウロといい、高尾山で記録されたが、特に区別する必要はない。

花期：8～10月
高さ：30～80cm
環境：沢沿いの草地や林縁に少

2017.9.20

ゲンノショウコ

現の証拠　フウロソウ科
Geranium thunbergii

多年草。葉は3～5中～深裂し、少なくとも茎の下部には5裂する葉がある。花は白色～淡紫色。萼片や花柄などに腺毛をもつ。晩秋に果実が成熟すると、基部から裂けて、裂片は巻き上がり、御神輿のように見える。

花期：8～10月
高さ：20～50cm
環境：草地や路傍に多

果実　2013.11.16

2013.10.3

2012.10.10

マツカゼソウ

松風草　ミカン科

Boenninghausenia albiflora* var. *japonica

多年草。全体に無毛。葉は２～３回３出複葉で粉緑色、透かして見ると油点があり強い臭いがある。花弁は白色で４個。果実は４分果に分かれる。

花期：8～10月
高さ：50～80cm
環境：樹林内に多

2012.8.13

2014.9.21

カラスノゴマ

鳥の胡麻　アオイ科

Corchoropsis crenata

１年草。茎や葉などに星状毛がある。葉は互生し、卵形で縁には鋸歯がある。花は葉腋につき径 7mm。果実は円柱形のさく果で少し湾曲する。

花期：8～10月
高さ：30～60cm
環境：草地や路傍にやや少

イタドリ

虎杖／痛取　タデ科

Fallopia japonica

多年草。茎は中空で芽出しは筍状。葉は互生、托葉鞘は膜質で落ちやすく、葉身は広卵形で基部は切形。雌雄異株。茎頂と葉腋に円錐花序をつける。花後、3個の外花被片は背面が翼状に発達して果実を包む。

花期：7～10月
高さ：50～120cm
環境：草地や路傍に多

果実　2015.9.15

2011.8.13

ミズヒキ

水引　タデ科

Persicaria filiformis

多年草。葉は互生し、上面に粗い毛が多く、八の字形の模様がでることが多い。花被片は4裂し、上半分が紅く、下半分は白色。花後、花被が果実を包み、花柱の先はかぎ形に曲がり、動物や衣服に付着する。

花期：8～10月
高さ：50～90cm
環境：湿った樹林内や林縁に多

2011.8.24

2016.9.30

2013.10.3

イヌタデ

犬蓼　タデ科

Persicaria longiseta

1年草。托葉鞘の縁毛は長く筒部と同長。花序は密な円柱状。紅色の花被は花後に閉じて果実を包み、これを赤飯に見立ててアカマンマと呼んだ。

花期：7～10月
高さ：20～50cm
環境：草地や路傍に多

2013.9.29

ハナタデ

花蓼　タデ科

Persicaria posumbu

1年草。全体にイヌタデに似るが、葉は質が薄く、先は尾状に尖り、上面全体に粗毛を散生する。花序はイヌタデに比べて疎らで、色が淡い傾向がある。

花期：8～10月
高さ：30～60cm
環境：林縁などの半日陰に多

2012.9.26

ボントクタデ

凡篤蓼　タデ科

Persicaria pubescens

1年草。茎は上向きの伏毛がある。托葉鞘は筒部より少し短い縁毛がある。葉はかじっても辛味はない。花被に腺点が目立ち、果実は3稜形で光沢のある黒色。

花期：9～10月
高さ：50～100cm
環境：湿地や溝などに多

タニソバ

谷蕎麦　タデ科

Persicaria nepalensis

1年草。葉は卵状3角形で互生し、下部のものは柄に広い翼があり基部は茎を抱き、下面には腺点がある。花被は白色～淡紅色でほとんど開かない。

花期：7～10月
高さ：10～40cm
環境：湿った草地や林内に多

1997.9.7

ミゾソバ

溝蕎麦　タデ科

Persicaria thunbergii* var. *thunbergii

1年草。茎、葉柄、葉の下面に刺があり、葉の両面に星状毛がある。葉身は中央部がくびれ、基部は左右に張り出し、牛の顔のような形になる。果実は光沢がない。

花期：8～10月
高さ：30～80cm
環境：湿地や溝などに多

2013.9.29

アキノウナギツカミ

秋の鰻掴　タデ科

Persicaria sieboldii

1年草。茎は逆刺があり、長く伸びて他物に寄りかかる。葉の基部はやじり形、鞘状の托葉は上部が斜めに切れ、縁に毛はない。花は淡紅色で頭状に集まる。

花期：8～11月
高さ：1m以上になる
環境：湿地や流水縁に多

2017.10.4

2012.10.2

オオヤマハコベ

大山繁縷　ナデシコ科

Stellaria monosperma var. *japonica*

多年草。葉は対生し、広披針形で縁が波打つ。集散花序に疎らに白色花をつける。萼片は外面に腺毛があり、花弁は萼片より短く先は2裂し基部が急に狭くなる。

花期：8～10月
高さ：40～120cm
環境：湿った樹林内に少

2012.9.21

ツリフネソウ

釣舟草　ツリフネソウ科

Impatiens textorii

1年草。葉は互生し、縁には鋭鋸歯がある。下側の1個の萼片は大きく、後に突き出て距となり、その先端は渦巻き状。さく果は熟すと種子をはじき飛ばす。

花期：8～10月
高さ：30～80cm
環境：沢沿いの湿地や流水縁に多

2017.9.20

キツリフネ

黄釣舟　ツリフネソウ科

Impatiens noli-tangere

1年草。全体に無毛。葉の先は鈍く、縁には鈍鋸歯があり、下面はやや白緑色で葉脈が目立つ。花は黄色で距の先は渦巻状にならず下に少し曲がる。

花期：7～10月
高さ：30～80cm
環境：湿った樹林内にやや少

リンドウ

竜胆　リンドウ科

Gentiana scabra* var. *buergeri

多年草。葉は対生し、ほとんど無柄で3脈が目立つ。花は茎頂と上部の葉腋につけ、花冠は長さ4cmほどの筒状鐘形で先は5裂し、裂片間に副片がある。

花期：9～11月
高さ：15～60cm
環境：草地や明るい樹林内に多

2014.11.7

センブリ

千振　リンドウ科

Swertia japonica

1年草または越年草。全草に苦味があり、健胃剤として有名。葉は線形で対生する。花冠裂片の基部に2個の緑色の蜜腺溝があり、その周囲に毛が生える。

花期：9～11月
高さ：5～20cm
環境：丈の低い草地や裸地に多

2015.10.5

ムラサキセンブリ

紫千振　リンドウ科

Swertia pseudochinensis

1年草または越年草。葉は広披針形で対生する。花冠は紫色または淡紫色で濃紫色の筋があり径約3cm。裂片基部の蜜腺溝は紫色の毛が密生していて目立たない。

花期：9～11月
高さ：30～70cm
環境：丈の低い草地や裸地に稀

2012.12.2

2015.10.7

アケボノソウ

曙草　リンドウ科

Swertia bimaculata

1年草または越年草。葉は対生し、楕円形〜卵状披針形で3〜5脈が目立つ。花冠は白色〜淡緑色で、裂片の先の方に紫色の細点があり、中央やや上には2個の黄緑色の蜜腺溝があり、その周辺に毛はない。

花期：9〜10月
高さ：30〜120cm
環境：沢沿いの湿った草地にやや少

2015.10.7

2011.10.24

ツルリンドウ

蔓竜胆　リンドウ科

Tripterospermum japonicum

つる性の多年草。葉は対生し、広披針形で3脈が目立つ。葉腋に淡紫色花をつけ、花冠は筒状鐘形で5裂し、裂片間に副片がある。果実は楕円形の液果で、柄がのびて残存する花冠より突き出て紅色に熟す。

花期：8〜10月
高さ：40〜80cm
環境：樹林内や林縁に多

果実　2012.10.10

ヤマホオズキ

山酸漿　ナス科

Archiphysalis chamaesarachoides

多年草。全体に軟らかく無毛。葉は互生し、卵形で縁に少数の不規則な鋸歯がある。花は葉腋に単生。花冠は白色で5裂し、雄しべは5個。萼は花後に大きくなって果実をゆるく包み、稜上に刺状突起がある。

花期：8～9月
高さ：40～80cm
環境：樹林内に稀

2013.8.18

果実　2013.10.21

ハダカホオズキ

裸酸漿　ナス科

Tubocapsicum anomalum

多年草。全体に軟らかく無毛。葉は互生し、長楕円形で全縁。花は葉腋に2～4個つけ、花冠は淡黄色で5裂し、裂片は反曲、雄しべは5個。萼は先が平らで、果期にも大きくならない。液果は赤く熟す。

花期：8～9月
高さ：60～90cm
環境：樹林内にやや少

2012.9.26

果実　2014.11.7

2012.9.3

果実　2015.11.11

マルバノホロシ

丸葉のほろし　ナス科
Solanum maximowiczii

つる性の多年草。葉は互生し、卵状披針形で基部はくさび形、両面とも無毛。径1cmほどの淡紫色花をつけ、花冠中央が緑色を帯びる。液果は赤く熟す。ヤマホロシ *S. japonense* は葉の基部が円形で、ときに波状の鋸歯があり、若い葉の上面に毛があり、花の中央は濃紫色。

花期：7～9月
高さ：低木に登る
環境：林縁にやや少

2012.9.8

果実　2015.11.26

ヒヨドリジョウゴ

鵯上戸　ナス科
Solanum lyratum

つる性の多年草。全体に腺毛が多い。葉は互生し、下方の葉は深く1～2裂する。葉とほぼ対生する集散花序に径1cmほどの白色花をつける。花冠は深く5裂し、裂片は反り返る。雄しべの葯が直立して雌しべを取り囲むのはナス属（*Solanum*）の特徴。液果は球形で赤く熟す。

花期：8～10月
高さ：低木に登る
環境：林縁に多

イヌホオズキ

犬酸漿　ナス科

Solanum nigrum

1年草。葉は卵形で互生する。茎の途中から花序を出し5～12花をつける。花冠は白～淡紫色。果実は紫黒色に熟し、光沢はない。

花期：8～12月
高さ：50～100cm
環境：草地や路傍などに多

2015.11.20

キツネノマゴ

狐の孫　キツネノマゴ科

Justicia procumbens

1年草。葉は対生。枝先に円柱状の穂状花序をつける。花冠は上唇が白色、下唇は淡紅紫色で大きく内面に白い筋がある。

花期：8～10月
高さ：10～40cm
環境：草地や路傍などに多

2012.10.10

ハグロソウ

葉黒草　キツネノマゴ科

Peristrophe japonica

多年草。葉は対生し、長楕円形で全縁。枝先に葉状の苞を2～3個つけ、その間に1～2個の花をつける。花冠は2唇形、下唇内面に紅色の斑紋がある。

花期：7～10月
高さ：20～50cm
環境：沢沿いの林縁にやや多

2016.7.29

2012.10.8

コシオガマ

小塩竈　ハマウツボ科
Phtheirospermum japonicum

半寄生の1年草で、緑葉をもつが根の発達は悪い。全草に腺毛があり粘る。葉は対生し、羽状に深く切れ込む。上部の葉腋に淡紅色の花を1個ずつつける。花冠は筒状、上唇は2浅裂、下唇は広がり3裂する。

花期：9～10月
高さ：20～70cm
環境：草地に少

2013.9.22

ツルギキョウ

蔓桔梗　キキョウ科
Codonopsis javanica* subsp. *japonica

つる性の多年草。葉は互生または対生し、卵心形で先は鈍く、茎と共に無毛、質は薄く下面は粉白を帯びる。花は葉腋に下垂し、白色の鐘形で先は5裂し、内面基部は紫褐色を帯びる。果実は液果で赤く熟す。

花期：8～10月　高さ：低木に登る
環境：林縁に稀

果実　2014.11.17

ツルニンジン

蔓人参　キキョウ科

Codonopsis lanceolata

別名ジイソブ。つる性の多年草。傷つけると乳液が出て悪臭がある。側枝の葉は３～４個が接近して輪生状、先は尖り両面ほぼ無毛。種子は片側に広い翼がある。

花期：8～10月
高さ：低木に登る
環境：林縁に多

2012.10.10

バアソブ

婆そぶ　キキョウ科

Codonopsis ussuriensis

つる性の多年草。葉はツルニンジンによく似ているが、側枝の葉は先が尖らず、白色毛が上面に疎らに、下面に密生する。種子にははっきりした翼がない。

花期：8～9月
高さ：低木に登る
環境：草地や林縁に稀

2012.8.15

ツリガネニンジン

釣鐘人参　キキョウ科

Adenophora triphylla* var. *japonica

多年草。茎葉はふつう輪生し、長楕円形で鋸歯縁。花は輪生する枝先に下向きにつける。萼裂片は線形で腺に終わる鋸歯がある。花柱は花冠からやや突き出る。

花期：8～10月
高さ：40～100cm
環境：草地や林縁に多

1999.10.1

2011.8.13

オミナエシ

女郎花　スイカズラ科
Patrinia scabiosifolia

多年草。葉は対生し、羽状に分裂する。花冠は短い筒部があり、先は5裂し径4mm。果実は扁平な長楕円形で翼はない。秋の七草の1つ。

花期：8～10月
高さ：60～100cm
環境：草地や林縁に少

2013.8.26

オトコエシ

男郎花　スイカズラ科
Patrinia villosa

多年草。葉は対生し、羽状に深裂し、茎と共に毛が多い。子房の下に小苞があり、花後に果実を取り巻き、団扇状の翼になる。標本や花を活けた水は悪臭がある。

花期：8～10月
高さ：60～100cm
環境：草地や林縁に多

1994.8.29

ウド

独活　ウコギ科
Aralia cordata

大型の多年草。全草に粗い毛があり、葉は2回羽状複葉。枝先の花序は両性花、側花序は雄花をつけるので、枝先の花序のみが黒く熟す。芽出しは山菜になる。

花期：9～10月
高さ：1～1.5m
環境：林縁に多

ノダケ

野竹　セリ科

Angelica decursiva

多年草。葉柄の基部は袋状に膨らみ、葉身は３出羽状複葉。複散形花序に濃紫色の花を多数つけ、花序の基部にも葉身の退化した袋状の葉柄がつく。

花期：9～10月
高さ：80～150cm
環境：林縁や明るい樹林内に多

2017.10.4

シラネセンキュウ

白根川芎　セリ科

Angelica polymorpha

多年草。葉柄基部は袋状に膨れる。葉身は3～4回3出羽状複葉で葉軸が節ごとに屈曲し、小葉は鋭鋸歯縁で下面は白色を帯びる。

花期：9～11月
高さ：80～150cm
環境：沢沿いの流水縁や樹林内に多

2014.10.25

ヤマゼリ

山芹　セリ科

Ostericum sieboldii

１回結実性の多年草。下方の葉は２～３回３出複葉、上方の葉は３出複葉で基部が鞘になって茎を抱く。小葉は卵形で鋸歯があり無毛。

花期：8～10月
高さ：50～100cm
環境：草地や林縁に多

2013.10.3

秋のマメ科植物

マメ科植物は豆果と呼ばれる特徴的な果実をつける。豆果は上下に縫合線のある1心皮（雌しべをつくる葉）に由来する果皮（莢）と、それに包まれた種子（豆）からなる。日本産の草本性の種のほとんどが含まれるマメ亜科では典型的な蝶形花をもち、5個の花弁は、雄しべ群と雌しべを包む2個の竜骨弁、それを左右から挟む2個の翼弁、上側にあって大型な旗弁からなる。雄しべは10本で、稀に10本が離生する（合着しない）種もあるが、多くは9本が合着する2体雄しべか、全部が合着する単体雄しべをもつ。萼は合着して萼筒をつくり、先端は切れ込んで萼歯となる。葉は互生し、3出複葉や羽状複葉をもつものが多い。根には根粒菌が共生し、空気中の窒素を利用することができるため、貧栄養な土地でも生育することができる。草本性の種は夏の終わりから秋にかけて開花するものが多いので、秋のマメ科植物としてまとめた。花期が早いナンテンハギ（P.91）とコマツナギ（P.91）は夏の草本として取り上げた。

2016.9.3

ツルマメ

蔓豆　マメ科

Glycine max* subsp. *soja

つる性の1年草。つるには下向きの褐色毛が生え、葉は3小葉からなり、小葉は狭卵形。葉腋に長さ5～8mmの小さな淡紫色花を数個つける。豆果は褐色毛を密生する。ダイズの原種といわれる。

花期：8～9月
高さ：低木に登る
環境：路傍や林縁に多

果実　2013.11.24

ヤブマメ

藪豆　マメ科

Amphicarpaea edgeworthii

つる性の1年草。葉は3小葉からなる。葉腋に長さ1.5～2cmの淡紫色花を数個つける。豆果は扁平で縁にだけ伏毛があり3種子を入れる。秋に茎の基部からつるを伸ばし、閉鎖花をつけ、地中に1種子の入った豆果をつける。

花期：8～10月
高さ：低木に登る
環境：路傍や林縁に多

2013.9.9

ノササゲ

野ささげ　マメ科

Dumasia truncata

つる性の多年草。小葉は3個、質が薄く上面は無毛、下面は白色を帯び少し圧毛がある。葉腋の総状花序に黄色花をつけ、萼は筒状で裂片はない。豆果は淡紫色になり、はじけても黒い種子は落ちない。

花期：8～9月
高さ：亜高木に登る
環境：林縁や明るい樹林内に多

果実　2012.11.8

2012.8.26

2013.7.15

トキリマメ

尖きり豆　マメ科

Rhynchosia acuminatifolia

つる性の多年草。葉は３小葉からなり、小葉の先は急に細く尖る。葉腋の総状花序に黄色花をつけ、萼裂片は萼筒より短い。豆果は赤く熟し、光沢のある黒い種子を２個入れ、裂開しても落ちない。

花期：7～9月
高さ：低木に登る
環境：林縁に多

果実　2013.10.19

2014.9.12

ヤブツルアズキ

藪蔓小豆　マメ科

Vigna angularis* var. *nipponensis

つる性の１年草。葉は３小葉からなり、頂小葉はふつう３裂し、先は急に細く尖る。蝶形花は竜骨弁と左右の翼弁が片側に偏る。豆果は線形で黒く熟し、裂開して種子をはじき飛ばす。アズキの野生変種。

花期：7～9月
高さ：低木に登る
環境：草地や林縁に少

ヤマハギ

山萩　マメ科

Lespedeza bicolor

落葉小低木。小葉は楕円形でやや円頭、上面はほとんど無毛、下面には圧毛がある。花序は基部の葉よりも長く花が目立つ。萼裂片は鋭頭で濃色の３脈がある。

花期：8～10月
高さ：1～2m
環境：草地や林縁に多

2014.9.12

マルバハギ

丸葉萩　マメ科

Lespedeza cyrtobotrya

落葉小低木。小葉は楕円形～倒卵形で先はやや凹み、上面無毛、下面には伏した毛が生える。花序は基部の葉より短く、花が目立たない。萼裂片の先は針状に尖る。

花期：8～10月
高さ：1～2m
環境：草地や林縁に多

2012.8.15

ツクシハギ

筑紫萩　マメ科

Lespedeza homoloba

落葉小低木。小葉は上面無毛、下面は長さ0.2mmほどの圧毛が疎らにある。花は翼弁のみが紅紫色で、萼裂片は幅広く円～鈍頭で不明瞭な１脈がある。

花期：8～10月
高さ：1～2m
環境：草地や林縁に少

2014.9.17

2014.9.17

キハギ

木萩　マメ科

Lespedeza buergeri

落葉低木。葉は３小葉からなり、２列に互生する。小葉は楕円形で先は尖り、上面無毛、下面には寝た毛が生える。花は全体に淡黄色で、２個の翼弁は紫色、旗弁内面に紫斑がある。

花期：6～9月
高さ：1～3m
環境：林縁に多

2015.9.5

ヌスビトハギ

盗人萩　マメ科

Hylodesmum podocarpum* subsp. *oxyphyllum

多年草。葉は茎全体につき、３小葉からなり、頂小葉は菱状卵形。細長い花序に淡紅色花を疎らにつける。豆果は半月形の２個の節果（縫合線から裂けずに、節で切れる豆果）からなり、表面の細かい鉤毛で動物や衣服に付着する。

果実　2013.10.10

花期：7～9月
高さ：60～120cm
環境：路傍や林縁に多

ケヤブハギ

毛藪萩　マメ科
Hylodesmum podocarpum* subsp. *fallax

多年草。ヌスビトハギに似るが、葉は茎の下の方に集まってつき、頂小葉は広卵形～広楕円形で大きく、長さ10cmに達し、両面に毛が密生する。花や節果（P.138参照）はヌスビトハギとほとんど変わらない。

花期：7～9月
高さ：50～100cm
環境：樹林内にやや少

2012.9.3

フジカンゾウ

藤甘草　マメ科
Hylodesmum oldhamii

多年草。葉は5～7小葉からなり，小葉は長楕円形で先が尖る。細長い総状花序に長さ1cmほどの淡紅色花を疎らに多数つける。豆果は節果（P.138参照）で、節で切れ、表面の鉤毛で動物や衣服に付着する。

花期：8～9月
高さ：50～150cm
環境：明るい樹林内や林縁に多

2012.8.26

秋のシソ科植物

茎は断面が4角形のものが多く、葉は対生する。茎や葉に精油を含み、腺点があり香りのある種類が多い。花序は頂生または腋生の集散花序が基本で、花序の枝が短縮して花が輪生状について花輪となり、それが数段連なって花穂をつくることもある。萼や花冠は筒状で先が2唇形のものが多い。秋に開花するものが多いので、秋のシソ科植物としてまとめたが、夏の花で取り上げたメハジキ、キセワタ、ウツボグサ、イヌゴマ、ニガクサ、カワミドリ、クルマバナ、ヤマクルマバナ（P.103 ～ P.105）は開花のピークは過ぎているが、秋にも開花していることがあるので、そちらも参照して欲しい。

2012.7.25

アキノタムラソウ

秋の田村草　シソ科

Salvia japonica

多年草。葉は羽状複葉または2回羽状複葉、まれに単葉になる。茎頂に細長い花穂をつける。2本の雄しべははじめ前方に突き出るが、その後、後方に強く湾曲する。

花期：7 ～ 11 月
高さ：20 ～ 80cm
環境：草地や林縁に多

2014.9.21

キバナアキギリ

黄花秋桐　シソ科

Salvia nipponica

多年草。茎や葉柄に開出した軟毛が生える。花冠は淡黄色で上唇は前方に長く伸び、その先から花柱が突き出る。萼は花後に1.5倍くらい大きくなる。

花期：8 ～ 10 月
高さ：20 ～ 40cm
環境：湿った樹林内に多

ヤマハッカ

山薄荷　シソ科

Isodon inflexus

多年草。ハッカ臭はない。葉は3角状卵形で基部は柄の翼に続く。萼はほぼ等しく5裂する。花冠は長さ6～7mm、上唇内面に濃紫色の斑点があり、雄しべ4本と雌しべはボート形の下唇より短い。

花期：9～10月
高さ：40～100cm
環境：草地や林縁に多

2015.10.5

2013.10.27

カメバヒキオコシ

亀葉引起こし　シソ科

Isodon umbrosus* var. *leucanthus

多年草。葉は広卵形、先は3裂して中央裂片が長く伸び、尻尾を出した亀の形に見える。萼は2唇形で、花冠上唇に濃紫色の斑点がない。地方により葉形に変化があり、丹沢や箱根では葉が細く先が3裂しないイヌヤマハッカ var. *umbrosus* に入れ替わる。

花期：9～10月　高さ：50～100cm
環境：ブナ帯の林縁や樹林内に稀

2013.9.14

2013.9.14

2015.10.10

セキヤノアキチョウジ

関谷の秋丁字　シソ科

Isodon effusus

多年草。葉は長楕円形〜披針形で先は尖る。花柄は細長く、花序は広がる。萼は2唇形で上唇は3裂し、2裂する下唇よりも短い。花冠は青紫色で長さ16〜20mm、他のヤマハッカ属に比べて筒部が著しく長い。

花期：9〜11月
高さ：70〜100cm
環境：沢沿いの樹林内にやや少

2012.10.2

ヒキオコシ

引起こし　シソ科

Isodon japonicus

多年草。茎には短毛が密生する。葉は広卵形で基部はしだいに狭くなって葉柄に続く。萼は等しく5裂する。花冠は淡紫色で長さ5〜6mm、上唇に濃紫色の斑点があり、雌しべは長くボート形の下唇より突出る。

花期：9〜10月
高さ：50〜100cm
環境：草地や林縁にやや少

2012.10.2

ナギナタコウジュ

薙刀香需　シソ科

Elsholtzia ciliata

1年草。全草に強い香りがある。葉は卵形で鋸歯縁。花穂は一方に偏って花をつける。苞は偏円形で中央付近がもっとも幅広く、外面はほとんど無毛で縁に短い毛がある。

花期：9～10月
高さ：15～60cm
環境：路傍や林縁に多

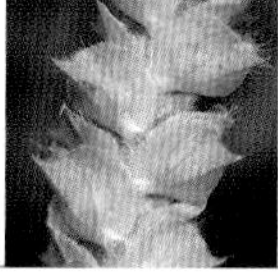
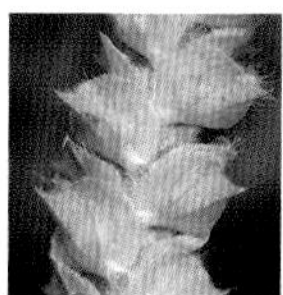

苞　2015.10.10

2014.10.19

フトボナギナタコウジュ

太穂薙刀香需　シソ科

Elsholtzia nipponica

1年草。ナギナタコウジュによく似ているが、花穂は太く、苞は中央よりも先がもっとも幅広く、外面脈上に短毛があり、縁には長い毛がある。葉は少し幅広く、鋸歯がやや鋭い傾向がある。

花期：9～11月
高さ：30～80cm
環境：路傍や林縁に少

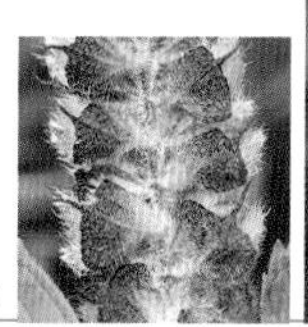
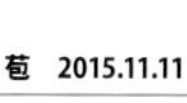

苞　2015.11.11

2015.11.11

2003.9.3

イヌトウバナ

犬塔花　シソ科

Clinopodium micranthum

多年草。茎の中部以上でよく分枝し、葉の下面の腺点は目立つ。茎頂や上部の葉腋に花穂をつけ、白色〜淡紅色の小さい花をつける。小苞は小花柄より短く目立たない。萼筒には白長軟毛が多い。

花期：8 〜 10 月
高さ：20 〜 60cm
環境：路傍や林縁に多

2003.9.3

2014.9.28

イヌコウジュ

犬香需　シソ科

Mosla scabra

1年草。ヒメジソやシラゲヒメジソなど、よく似た種類があるが、本種の茎には稜と面に下向きの細毛が密生し、花序の軸に開出毛が多いことで区別できる。葉は狭卵形〜卵形で下面に目立つ腺点がある。

花期：9 〜 10 月
高さ：20 〜 60cm
環境：路傍や草地に多

2014.9.28

レモンエゴマ

檸檬荏胡麻　シソ科
Perilla citriodora

1年草。シソやエゴマに似るが、葉をもむとレモンの香りがあり、茎の中下部に下向きの短毛が密生する。葉は卵形で葉身の基部に鋸歯のない部分がある。

花期：8～10月　高さ：50～90cm
環境：路傍や草地に多
【高尾山が基準産地】

2016.10.2

シソ

紫蘇　シソ科
Perilla frutescens

茎に長軟毛が疎らに生えることでレモンエゴマから区別できる。葉をもんでシソの香りがすれば、シソ var. *crispa*、エゴマの香りがあれば、エゴマ var. *frutescens* である。

花期：8～10月　高さ：60～150cm
環境：路傍や草地に多

2013.9.29

ジャコウソウ

麝香草　シソ科
Chelonopsis moschata

多年草。葉は長楕円形で基部は細くなって耳状の心形。葉腋に1～3花をつけ、花柄は短く葉柄とほぼ同長。花冠は暗紅紫色で太く長い筒部がある。

花期：8～10月
高さ：50～100cm
環境：湿った樹林内にやや稀

1994.9.16

2013.10.10

テンニンソウ

天人草　シソ科

Comanthosphace japonica

多年草。葉は長楕円形で鋸歯縁。茎頂に密な花穂をつける。萼は筒状で５個の萼歯があり、花冠は淡黄色で上唇は浅く２裂、下唇は３裂する。４個の雄しべのうち２個が長く、雌しべとともに花冠から突きでる。

花期：9 ～ 10 月
高さ：50 ～ 100cm
環境：湿った樹林内にやや稀

シモバシラ

霜柱　シソ科

Keiskea japonica

多年草。葉は長楕円形で鋸歯縁、下面には腺点がある。葉腋に花穂を出し、片側に偏って花をつける。萼は筒状で５中裂。花冠は白色で上唇は浅く２裂、下唇は３裂。４個の雄しべは花冠から長く突き出る。初冬に枯れた茎の基部に霜柱状の氷柱ができることで知られる。

花期：9 ～ 10 月
高さ：40 ～ 70cm
環境：樹林内や林縁にやや多

2012.10.2

霜柱　2017.12.20

秋のキク科植物

キク科植物で1つの花に見えるものは、小さな花が頭状に集まった花序でこれを頭花と呼んでいる。萼に見えるものは総苞で、総苞片は数個が1列に並ぶものから、数列に多数が並んだものまである。頭花の周辺部にあって花弁のように見えるのが1つの花（小花）で、花冠の一方が舌状に伸びているので舌状花と呼ぶ。頭花の中央付近には筒状で先が5裂した小花があり、これを筒状花と呼ぶ。タンポポの仲間では頭花は両性の舌状花のみからなるが、多くのキク科植物の頭花は周辺部に舌状花、中央部に筒状花があるか、筒状花のみからなり、両性のものも単性のものもある。果実は痩果、上部に萼が変化した冠毛があるが、ときに冠毛が退化してないものもある。

リュウノウギクやノコンギクなどの野菊は山の秋の最後を飾る。秋に花が咲くキク科植物は多いので、秋のキク科植物としてまとめた。しかし、春や夏に花が咲くキク科植物もあり、すでに春〜真夏の草本で以下のキク科植物を紹介した。

【春の花】フキ、カントウタンポポ、オニタビラコ、センボンヤリ

【初夏から梅雨の頃の花】ノアザミ、コウゾリナ、サワギク、ニガナ、ヤブレガサ

【夏の花】カセンソウ、オオヒヨドリバナ、ムラサキニガナ、マルバダケブキ、メタカラコウ

ヤマハハコ

山母子　キク科

Anaphalis margaritacea* var. *margaritacea

多年草。葉の下面は茎とともに綿毛に被われて白色。総苞片は白色の乾いた質感で、頭花は白い花のドライフラワーのように見える。両性（結実しない）の筒状花をつける株と、雌性で結実する筒状花をつける株がある。

花期：8〜9月
高さ：30〜70cm
環境：草地やガレ場などにやや稀

頭花　1990.9.19

1997.8.11

2017.9.27

ノブキ

野蕗　キク科

Adenocaulon himalaicum

多年草。葉は茎の下部に集まり、柄は長く翼があり、葉身の下面は綿毛で白色。頭花は周辺に雌花、中央に両性花があるが、両性花は結実しない。痩果はこん棒状で冠毛を欠き、突起毛の先から粘液を分泌し、人や動物に粘着して運ばれる。

花期：8～10月　高さ：40～100cm
環境：樹林内の路傍に多

果実　2015.10.23

2014.9.21

カシワバハグマ

柏葉白熊　キク科

Pertya robusta

多年草。茎は枝を分けず、葉は茎の中部に互生し、卵状長楕円形で鋸歯縁。総苞は狭筒形で大きく、総苞片は多数で先は円い。10 個ほどの筒状花をつけ、筒状花の裂片は反り返る。痩果には褐色の冠毛がある。

花期：9 ～ 10 月
高さ：60 ～ 100cm
環境：乾いた樹林内に多

2017.9.27

コウヤボウキ

高野箒　キク科

Pertya scandens

小型の落葉低木。その年に伸びた枝には卵形の葉を互生し、2年目の枝には短枝が出て細い葉を束生し、いずれも下面には短毛が生える。頭花は当年枝の先につける。冬芽は白色長毛に被われる。

花期：9～11月
高さ：60～100cm
環境：乾いた樹林内に多

2015.10.23

2014.11.7

ナガバノコウヤボウキ

長葉高野箒　キク科

Pertya glabrescens

小型の落葉低木。枝や葉のつけ方などはコウヤボウキによく似るが、葉はやや硬くほとんど無毛。頭花は2年目の枝の短枝の先につき、その基部には輪生状に葉がある。冬芽は数個の芽鱗が見える。

花期：9～10月
高さ：60～100cm
環境：ブナ帯の樹林内に多

2013.8.26

2012.10.2

オクモミジハグマ

奥紅葉白熊　キク科

Ainsliaea acerifolia var. *subapoda*

多年草。茎は枝を分けず、葉は茎の中部に輪生状につけ、掌状に浅く5〜7裂する。頭花は穂状花序に横向きに開出してつけ、3個の筒状花をつける。筒状花の先は5裂し、裂片は片側に偏ってよじれる。

花期：9〜10月
高さ：40〜80cm
環境：ブナ帯の樹林内に多

1998.8.4

2016.10.31

キッコウハグマ

亀甲白熊　キク科

Ainsliaea apiculata

多年草。葉は茎の基部に集まり、長い柄があり、葉身は5角形。穂状花序に多数の頭花をつけるが、多くは閉鎖花で開花しない。頭花には3個の筒状花があり、白色で5個の裂片は片側に偏り線形で先が曲がる。

花期：9〜10月
高さ：10〜30cm
環境：樹林内、特にモミ林に多

2016.10.31

モミジガサ

紅葉傘　キク科

Parasenecio delphiniifolius

多年草。葉は互生し、長い柄があり、掌状に５～７裂し、乾いたときに細脈は隆起しない。頭花は５個の両性の筒状花からなり、総苞は筒状で５片が１列。シドケといい、若い葉は山菜にされる。

花期：8～9月
高さ：50～80cm
環境：湿った樹林内に多

2016.9.10

2012.8.15

ウスゲタマブキ

薄毛珠菂　キク科

Parasenecio farfarifolius* var. *farfarifolius

多年草。葉は互生し、長い柄があり、３角形で基部は心形、縁には浅い鋸歯がある。葉腋にむかごができる。頭花は５～６個の筒状花からなり、筒状花の先は黄色～褐色を帯びる。

花期：8～10月
高さ：50～140cm
環境：湿った樹林内に稀

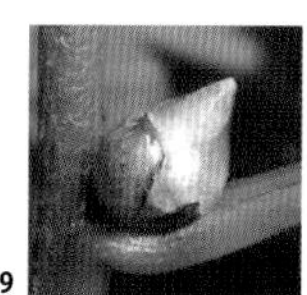

むかご　1998.9.9

1998.8.22

2012.9.3

キバナガンクビソウ

黄花雁首草　キク科

Carpesium divaricatum* var. *divaricatum

別名ガンクビソウ。多年草。根生葉は花時に枯れ、茎葉は互生し、下方の葉は卵形で基部は円形。頭花は径4～10mm、基部に葉状の総苞片が1～3個ある。ガンクビソウ属の痩果には粘液があり、付着して散布される。

花期：8～10月　高さ：50～100cm
環境：樹林内や林縁に多

2012.10.2

2012.8.15

オオガンクビソウ

大雁首草　キク科

Carpesium macrocephalum

多年草。茎や葉には縮れた毛があり、下方の葉は広卵形で、翼状の柄がある。頭花は径2～4cmあり、基部には大型の葉状苞が多数つく。ガンクビソウ属は頭花の中央に両性の筒状花、周辺に雌性の筒状花をつける。

花期：8～10月
高さ：60～100cm
環境：樹林内や林縁に少

ヒメガンクビソウ

姫雁首草　キク科

Carpesium rosulatum

多年草。茎には開出した軟毛がある。根生葉はへら状披針形でロゼット状に花時にも残り、茎葉は小さく数が少ない。長い柄の先に急に曲がってついた頭花は煙管の雁首に似ている。頭花は径約 5mm。

花期：8 ～ 10 月
高さ：15 ～ 45cm
環境：樹林内に少

2012.10.20

ヤブタバコ

藪煙草　キク科

Carpesium abrotanoides

越年草。茎下部の葉は上面にしわ状の凹凸が多く、基部は翼のある柄があり、下面には腺点がある。茎は 50cm くらいで頭打ちになり、水平に枝を広げ、その葉腋に下向きに頭花をつける。

花期：8 ～ 10 月
高さ：50 ～ 100cm
環境：樹林内や林縁に多

2013.10.27

2016.11.8

ベニバナボロギク

紅花襤褸菊　キク科

Crassocephalum crepidioides

1年草。葉は明らかに柄があり、基部は中〜深裂し、頂羽片が大きい頭大羽状になる。頭花は赤褐色で下を向いて咲く。熱帯アフリカ原産の帰化植物。

花期：8〜10月
高さ：50〜80cm
環境：路傍や林縁に多

2016.10.5

ダンドボロギク

段戸襤褸菊　キク科

Erechtites hieraciifolius

1年草。葉は柄がなく、ほぼ同じ大きさの粗い鋸歯だけがある。頭花は淡褐色で上を向いて咲き、総苞はほとんど無毛。北アメリカ原産の帰化植物。

花期：9〜10月
高さ：30〜150cm
環境：路傍や林縁にやや少

2012.10.8

アキノキリンソウ

秋の麒麟草　キク科

Solidago virgaurea* subsp. *asiatica

多年草。茎葉は互生し、卵状披針形で基部は翼のある柄に繋がる。頭花は黄色で径6〜10mm、舌状花は雌性で周辺に1列、中心に両性の筒状花がある。

花期：9〜11月
高さ：30〜80cm
環境：草地や林縁に多

メナモミ

雌なもみ　キク科

Sigesbeckia pubescens

1年草。茎と葉に密に長い毛がある。葉は対生し、3角状卵形。花柄や総苞片に腺毛がある。メナモミ属の頭花は黄色で先が3裂する舌状の雌花が数個あり、中央に両性の筒状花がある。痩果は長さ2.5～3.5mm。

花期：9～10月
高さ：60～120cm
環境：路傍や林縁に多

2015.10.10

2015.10.10

コメナモミ

小雌なもみ　キク科

Sigesbeckia glabrescens

全体にメナモミに似るが、茎と葉は短毛が生え、花柄に腺毛はなく、痩果は小さく長さ約2mm。メナモミ属の花床の鱗片は痩果を包み、腺毛があって粘着して散布される。

花期：9～10月
高さ：35～100cm
環境：路傍や林縁に多

2014.9.28

2015.10.10

2016.10.2

タイアザミ

大薊　キク科

Cirsium comosum

別名トネアザミ(利根薊)。多年草。花期に根生葉はない。茎葉は羽状に浅～深裂し、太く鋭い刺がある。頭花は柄があり直立または横向きに咲く。総苞は筒形～鐘形で総苞片は８～９列、先は開出または反り返る。

花期：9～11月
高さ：60～150cm
環境：路傍、草地、林縁などに多

2016.10.2

2012.10.8

アズマヤマアザミ

東山薊　キク科

Cirsium microspicatum

多年草。花期に根生葉はない。頭花はほとんど無柄で斜上または直立して開き、総苞は円筒形～狭筒形で、総苞片は短く直立し、粘着せず先は小刺針になる。

花期：9～11月
高さ：1～1.5m
環境：林縁や明るい樹林内に多

2012.10.8

ノハラアザミ

野原薊　キク科

Cirsium oligophyllum

多年草。根生葉は花期にも残り、羽状に深く裂ける。頭花は上向きに咲く。総苞片は短く斜上し反り返らず、腺体が発達しないのでノアザミ（P.53）のように粘ることはない。

花期：8 ～ 10 月
高さ：50 ～ 120cm
環境：草地や林縁に多

2016.9.30

2016.9.30

タムラソウ

田村草　キク科

Serratula coronata* subsp. *insularis

多年草。茎は稜があり有毛。葉は互生し、羽状に 6 ～ 7 深～全裂し、両面に細毛がある。総苞は鐘形、総苞片は多列で瓦状に並ぶ。遠目にはアザミ属に見えるが葉に刺がなく、冠毛は剛毛状で羽毛状ではない。

花期：8 ～ 10 月
高さ：30 ～ 140cm
環境：草地や林縁に少

2013.9.7

2017.9.5

2013.9.29

タカオヒゴタイ

高尾平江帯　キク科

Saussurea sinuatoides

多年草。根生葉や下方の葉は長い柄があり、卵形で縁にバイオリン状の湾入がある。総苞片は7～9列で、先は長く尖り水平に開出する。高尾山で発見された。奥多摩、秩父、甲府盆地周辺にかけて分布する。

花期：9～10月　高さ：30～80cm
環境：明るい樹林内や林縁にやや少
【高尾山が基準産地】

2013.9.29

2012.10.8

セイタカトウヒレン

背高唐飛簾　キク科

Saussurea tanakae

多年草。茎には葉柄から続く翼が発達する。葉は卵形で鋸歯縁。頭花は花柄が太く短く、総苞片は8～9列で圧着し、外片は短く3角形。タカオヒゴタイとの間に雑種ができ、オンガタヒゴタイという。

花期：9～10月
高さ：70～100cm
環境：草地や林縁に稀

2012.10.8

ハバヤマボクチ

葉場山火口　キク科

Synurus excelsus

多年草。茎は上部までまっすぐに直立する。葉は根生および互生し、3角状卵形で基部はほこ形に強く張り出し、下面は綿毛があって白色。

花期：9～11月
高さ：1～2m
環境：草地や林縁に稀

2015.11.11

オヤマボクチ

雄山火口　キク科

Synurus pungens

多年草。葉は根生および互生し、下面は綿毛があって白色、葉身基部は横に張り出さない。茎は中部で枝を分けて斜上し、枝先に黒紫色の大きな頭花をつける。

花期：9～11月
高さ：60～150cm
環境：林縁にやや多

2015.10.21

オケラ

朮　キク科

Atractylodes ovata

多年草。茎葉は互生し、下方のものは羽状に3～5裂する。魚の骨のような針状の苞葉が頭花を取り巻く。雌雄異株。小花は白～淡紅色の筒状花で雌雄とも同形。

花期：9～10月　高さ：30～100cm
環境：乾いた明るい樹林内や林縁にやや多

2014.9.28

2015.10.5

ヤクシソウ

薬師草　キク科

Crepidiastrum denticulatum

越年草。全草無毛で折ると乳液が出る。根生葉はさじ形で花時には枯れる。茎はよく分枝し、葉は互生し基部は耳状になって茎を抱く。頭花は黄色で径 1.5cm、13 ～ 15 個の舌状花があり、花後に下を向く。

花期：9 ～ 11 月
高さ：20 ～ 120cm
環境：路傍や林縁に多

2015.10.5

2016.10.5

アキノノゲシ

秋の野罌粟　キク科

Lactuca indica

1 ～越年草。茎はまっすぐに伸び、折ると乳液が出る。葉は多数がらせん状につき、長楕円形で羽状に裂けるものが多い。茎頂の円錐花序に径 2cm の淡黄色の頭花をつける。タンポポ亜科の舌状花は両性で、5 個の雄しべの葯は筒状に合着し、その間を花柱が貫き、花柱の先は 2 分岐する。

花期：9 ～ 11 月
高さ：1 ～ 2 m
環境：路傍や草地に多

2013.10.3

シュウブンソウ

秋分草　キク科
Aster verticillatus

多年草。主茎は夏に成長を止め、水平に枝を広げ、その葉腋につく短枝に頭花をつける。頭花は径4～5mm、外周の2列は短い白色舌状の雌花、中央に淡黄緑色で両性の筒状花をつける。痩果に冠毛はない。

花期：9～10月
高さ：50～100cm
環境：湿った樹林内や路傍に多

2012.10.2

2013.9.22

シラヤマギク

白山菊　キク科
Aster scaber

多年草。根生葉と茎下部の葉は基部が心形、茎上部の葉は卵形、上面はざらつき、下面は帯白色。頭花は径2～2.5cm、舌状花は白色で5～10個。痩果の冠毛は長い。若芽は婿菜(むこな)といい山菜にされる。

花期：8～10月
高さ：80～150cm
環境：草地や林縁に多

2012.9.21

2012.10.25

カントウヨメナ

関東嫁菜　キク科

Aster yomena* var. *dentatus

多年草。葉は長楕円形で鋸歯縁。舌状花は白色または淡青色。痩果は長倒卵形で稜には腺毛があり、冠毛はごく短く痕跡的。

花期：8 ～ 10 月
高さ：40 ～ 120cm
環境：山麓の湿った草地に多

2012.10.2

ユウガギク

柚香菊　キク科

Aster iinumae

多年草。葉はふつう羽状に深裂する。茎の上部は分枝して横に広がり、枝の先に白色の頭花をつける。痩果は倒卵形で稜には剛毛が生え、冠毛はごく短い。

花期：8 ～ 10 月
高さ：40 ～ 120cm
環境：山麓の湿った草地に多

2015.10.5

シロヨメナ

白嫁菜　キク科

Aster leiophyllus* var. *leiophyllus

多年草。茎葉は基部近くで急に幅が狭くなり、3 脈が目立ち、先は長く尖り、基部は茎を抱かない。頭花は径 1.5 ～ 2cm、舌状花は白色。痩果には冠毛がある。

花期：9 ～ 11 月
高さ：40 ～ 100cm
環境：草地や林縁に多

ノコンギク

野紺菊　キク科

Aster microcephalus* var. *ovatus

多年草。茎葉は両面に短毛が多くざらつき、基部やや上部から側脈が出て3行脈状。頭花は径約2.5cm、舌状花は淡青紫色。痩果には冠毛がある。

花期：9～11月
高さ：40～80cm
環境：草地や路傍に多

2013.11.2

リュウノウギク

竜脳菊　キク科

Chrysanthemum makinoi

多年草。全草に竜脳（ボルネオール）に似た香りがある。葉は広卵形で3裂し、下面はT字状毛が密生して灰白色。頭花は径2.5～5cm、舌状花は白色。

花期：10～11月
高さ：40～80cm
環境：乾いた草地や林縁に多

2013.11.2

アワコガネギク

泡黄金菊　キク科

Chrysanthemum seticuspe

別名キクタニギク（菊渓菊）。多年草。葉は広卵形で羽状に深裂し、裂片の先が尖る。頭花は径1.5～2cm、舌状花と筒状花はともに黄色。

花期：10～11月
高さ：40～120cm
環境：林縁に稀

2013.11.2

絶滅危惧種

次の4種は高尾山や小仏山地一帯では野生ではほとんど見ることがなくなってしまった。

2018.3.2

セツブンソウ 国NT

節分草　キンポウゲ科
Eranthis pinnatifida

多年草。茎葉は2個対生し、3深裂する。茎頂に青白色で径2cmの花を1個つける。早春に開花する春植物として鑑賞の対象にされる。

花期：2～3月
高さ：5～15cm
環境：落葉樹林内にきわめて稀

1985.3.29

カイコバイモ 国ⅠB　都EN

甲斐小貝母　ユリ科
Fritillaria kaiensis

多年草。対生する2葉と3輪生する葉をつけ、先に下向きに広鐘形の花を開く。東京都、山梨県、静岡県東部の限られた場所に自生する。2019年に国内希少野生動物種に指定された。一部の保護されている所でしか見ることができない。

花期：3～4月
高さ：10～20cm
環境：樹林内や林縁にきわめて稀

EN：絶滅危惧 IB 類　近い将来における野生での絶滅の危険性が高いもの
VU：絶滅危惧 II 類　絶滅の危険が増大している種
NT：準絶滅危惧　現時点での絶滅危険度は小さいが、生息条件の変化によっては「絶滅危惧」に移行する可能性のある種

オキナグサ　国II　都 VU

翁草　キンポウゲ科

Pulsatilla cernua

神奈川県側の隣接地で野生と思われるものが見つかっているが、東京都側では人家の石垣などに栽培由来のものが観察されるにすぎない。

花期：4～5月
高さ：5～20cm
環境：草地や荒れ地にきわめて稀

2016.4.12

ムラサキ　国I B　都 EN

紫　ムラサキ科

Lithospermum murasaki

多年草。根に色素シコニンを含み、乾燥すると濃紫色になり染料に用いられる。1980 年頃までは野生と思われるものが稀に発見されていたが、草地の減少とともにすっかり見られなくなってしまった。

花期：6～7月
高さ：30～60cm
環境：草地や林縁にきわめて稀

2013.5.10

特集 高尾山の森林

関東地方南部の山地では山麓から標高700～800mあたりまではシイやカシなどの常緑広葉樹が優先する森林が本来の植生である。このゾーンをシイ・カシ帯または照葉樹林帯と呼んでいる。それよりも高い標高ではブナを中心とした落葉広葉樹が優先する森林が発達し、ブナ帯または夏緑広葉樹林帯と呼ぶ。

シイ・カシ帯の森林は人里に近いために古くから利用され、薪炭林（いわゆる雑木林）、茅場（ススキなどの草原）、スギやヒノキの植林地になっているところが多く、本来の常緑広葉樹林が残されている所は少ない。南高尾や東高尾の山稜、高尾山から陣馬山（陣場山）に続く尾根には雑木林や植林地が多く、陣馬山は茅場の山として知られていた。最近は薪炭林や茅場の利用がなくなり植生の遷移が進んでいる。雑木林は全体に木が大きくなり、シラカシやシロダモなどの常緑広葉樹が侵入しているところも多くなってきた。また、茅場も刈られることがなくなり、低木が伸びてきている。それにともない、明るい雑木林や草原に見られる植物が減りつつある。

高尾山北面のイヌブナ林

高尾山は古くから山岳宗教の霊場として保護され、江戸時代には幕府の直轄地、明治時代以後は御料林や国有林として保護されてきた。現在、明治の森高尾国定公園に指定されているところには本来の植生がよく残されている。高尾山の山麓や南斜面には常緑広葉樹林がよく残されている。高尾山上部の尾根上にはモミ林が発達し、北面にはイヌブナの多い落葉広葉樹林（イヌブナ林）が見られる。モミ林やイヌブナ林はシイ・カシ帯上部からブナ帯下部にかけて見られるため、これらを中間温帯という。

高尾山や小仏山地は標高が低く、丹沢や奥多摩のようなブナ帯はほとんど発達せず、その大部分はシイ・カシ帯に含まれる。高尾山にもブナは生育しているが、その数は少なく稚樹もあまり育っていない。小仏山地の生藤山方面まで行けば、標高800mを超える尾根が続くが、ミズナラ、イヌブナ、シデ類、イタヤカエデなどの２次林が多く、まとまったブナ林は残されていない。

コナラの多い雑木林

自然研究路３号路の常緑広葉樹林

イヌブナ林

高尾山北面上部にはイヌブナの多く見られる落葉広葉樹林があり、イヌブナ林といわれる。イヌブナは小仏山地では標高 400m 以上の沢沿いに多く見られるが、イヌブナ林が残されているのは珍しい。北面をトラバースする自然研究路４号路がもっとも多く見られ、２号路の北側でも観察できる。イヌブナのほか、ブナ、ホオノキ、アカシデなど、多くの落葉広葉樹が観察できる。

2011.8.24
2018.11.30

2016.8.19
1991.9.29

イヌブナ

犬橅　ブナ科

Fagus japonica

萌芽しやすく、２～３本立になっていることが多い。葉身は長さ５～10cm、側脈は 10～16 対あり、下面脈上と周辺および縁に長軟毛がある。熟す頃に殻斗は堅果の 1/3 の長さで、柄が長く下垂する。堅果はブナと同様の３稜形で少し小さい。

ブナ

橅、山毛欅　ブナ科

Fagus crenata

幹は１本立になり、樹皮は灰白色で平滑。太平洋側のものは葉が小さく、長さ４～6cm のものが多く、側脈は７～12 対、成葉は無毛。殻斗は柄が短く直立し、熟すと４つに割れて、１～２個の堅果が顔を出す。

モミ林

上部の尾根上にはモミ林が発達している。自然研究路では４号路の尾根部分、いろはの森コース上部、蛇滝コース上部などが観察しやすい。カヤが混生していることも多く、低木層にはミヤマシキミやアオキなどが多いが、林床の草本は他の森林に比べて貧弱である。

2018.11.15

モミ

樅　マツ科

Abies firma

常緑高木。樹皮は黄色を帯びた灰色で，鱗片状にはがれる。葉は枝に水平に２列に並び、若木の葉は先が鋭く２裂し，成木では鈍く２裂する。

2018.11.23

2019.7.27

カヤ

栢　イチイ科

Torreya nucifera

常緑高木。樹皮は灰褐色で縦に浅く裂ける。葉は枝に水平に２列に並び、硬くて先は鋭く尖り、上面は光沢があり中脈は目立たない。種子は長さ２～4cmの楕円形で緑色の仮種皮に包まれる。イヌガヤは高木にならず、葉を握っても痛くない。

スギ・ヒノキ植林

　沢沿いの湿潤なところにはスギが植えられ、斜面の中部〜上部の乾いたところにヒノキが植えられる。スギの枝は隣のスギの枝と重ならないが、ヒノキの枝は重なるためにヒノキ植林内の方が暗く、林床の植物が貧弱である。薬王院の参道や自然研究路6号路沿いにはスギの大木が多い。6号路のスギにはセッコクが着生しているものが見られる。

2018.11.15

スギ

杉　ヒノキ科

Cryptomeria japonica

常緑高木。樹皮はヒノキのように粗く裂けない。葉は鎌状でらせん状につく。球果は径約 2cm、熟すと褐色。

ヒノキ

桧　ヒノキ科

Chamaecyparis obtusa

常緑高木。樹皮はスギに比べて粗く裂ける。葉は鱗状で葉と葉が接するところにY字状に白色の気孔帯がある。サワラは白色の気孔帯が X 字状。

2019.02.26

サワラ
白色の気孔帯が X 字状
2019.7.14

2019.7.15

雑木林

薪を得たり、炭を焼くために木を切ったりする林を薪炭林という。伐採された後、切り株から新しい枝が成長し、また伐採することを繰り返してきた林で、雑木林ともいわれる。コナラが多く、クリ、イヌシデ、クマシデ、ヤマザクラ、エゴノキ、ヤマボウシなどのさまざまな落葉広葉樹からなる。落葉や落枝を採取して肥料にも利用されていたが、最近では落葉・落枝の利用がなくなり、ササ類が繁茂したり、薪炭林としての利用が少なくなり、木が大きくなった林も多い。

コナラ

小楢　ブナ科

Quercus serrata

葉の下面は灰緑色で伏した軟毛がある。堅果の殻斗にはうろこ状の模様がある。

イヌシデ

犬四手　カバノキ科

Carpinus tschonoskii

1年枝や葉柄に毛が多いのが特徴。葉は卵形で基部は円形～くさび形、側脈は7～15対。果実の苞は幅が狭く片側にのみ鋸歯がある。

クマシデ

熊四手　カバノキ科

Carpinus japonica

葉は狭卵形で基部はわずかに心形または円形、側脈は20～24対。果実の苞は幅広く、両側に鋸歯が出る。

アカシデ

赤四手　カバノキ科

Carpinus laxiflora

1年枝や葉柄は無毛。雄花序が赤ければ本種。果実の苞は基部両側に鋭鋸歯がある。

常緑広葉樹林（カシ林）

南斜面や山麓部には常緑広葉樹林が多く見られる。自然研究路では1号路、2号路の南側、3号路に多い。高尾山の常緑広葉樹林は主にカシ類からなり、アカガシ、シラカシ、アラカシ、ウラジロガシ、ツクバネガシの5種が見られる。日本の常緑広葉樹林の代表種スダジイは高尾山では少ない。3号路ではカゴノキが見られるが、同じクスノキ科のタブノキは高尾山ではきわめて稀である。亜高木ではヒサカキやシロダモが多く、サカキやヒイラギなどが目につく。

2013.11.16

アカガシ

赤樫　ブナ科
Quercus acuta

樹皮はうろこ状にはがれる。葉は互生、葉柄は長く長さ2～4cm、葉身は長さ10～20cm、全縁、成葉は無毛。

2018.11.11

シラカシ

白樫　ブナ科
Quercus myrsinifolia

葉柄は長さ1～2cm、葉身は長さ7～14cm、成葉は無毛。葉はウラジロガシに似るが、下面が粉白を帯びず、鋸歯は先が鈍く、葉縁が波打つことはない。

2018.11.10

アラカシ

粗樫　ブナ科
Quercus glauca

葉は先半分に粗い鋸歯があり、下面全体に伏した軟毛がある。カシ類の堅果（どんぐり）は基部に殻斗と呼ばれる帽子状の総苞があり、環状の模様がある。

ウラジロガシ

裏白樫　ブナ科
Quercus salicina

葉柄は長さ1～2cm。葉身は長さ8～15cm、下面はロウ質で著しく白く、鋸歯は先が鋭く、葉の縁が波打つ。冬芽の芽鱗には白色絹毛が密生する。

ツクバネガシ

衝羽根樫　ブナ科
Quercus sessilifolia

葉柄は短く長さ5～10mm、葉身は長さ5～12cm、先端に少数の内曲する鋸歯があることが多く、成葉は無毛。枝先の葉が輪生状に集まる傾向がある。

カゴノキ

鹿子の木　クスノキ科
Litsea coreana

樹皮が鹿の子模様にはげ落ちる。葉は互生。果実は径約7mmの液果で翌年の秋に赤く熟す。

低木の花

樹木のうち成長しても高さ3m以下のものを低木、3～10 mのものを小高木、それ以上になるものを高木というが、成木での高さには個体差があるため、その区分はあいまいである。ここでは低木から小高木の花を集めたが、一部の小高木は高木の花として取り上げたものもある。落葉樹の花は春～初夏に咲くものが多い。花の季節順に並べたが、マユミやゴンズイなど果実が目立つものは果期を基準に配置した。

雄株 2015.3.17

果実 2013.6.17

オニシバリ

鬼縛り　ジンチョウゲ科

Daphne pseudomezereum

冬緑性の小低木。秋に新葉が展開し、冬を越して夏季に落葉する。葉は倒披針形で全縁、鮮緑色で両面ともに無毛。雌雄異株。花は黄緑色で短枝に数個つき、萼筒は長さ5～9mm、先は4裂する。果実は長さ約8mmの楕円形で赤く熟す。

花期：2～3月　果期：5～7月
高さ：1m 以下
環境：雑木林内に多

2014.3.9

冬芽 2017.11.12

マンサク

万作　マンサク科

Hamamelis japonica

落葉低木～小高木。葉は互生、菱状卵形で長さ5～10cm、縁には波状の鋸歯がある。冬芽は裸芽で灰褐色の星状毛に被われ、花芽は2～4個が集まり、柄が曲がって下を向く。花は黄色の細長い花弁が4個ある。

花期：2～3月
果期：10～11月
高さ：2～5m
環境：林縁に少

ウグイスカグラ

鶯神楽　スイカズラ科

Lonicera gracilipes

落葉低木。葉は対生、広楕円形で長さ3～6cm、全縁、ふつう両面ともに無毛。徒長枝では葉柄基部が広がりつば状になる。花は長さ1～2cmの漏斗形、淡紅色で先は5裂。果実は長さ1～1.5cmの楕円形の液果で赤く熟す。ミヤマウグイスカグラは果実などに腺毛がある。

花期：3～4月
果期：5～6月
高さ：2～3m
環境：雑木林内に多

2014.3.29

ミヤマウグイスカグラの果実 2016.5.21

果実　2012.5.31

キブシ

木五倍子　キブシ科

Stachyurus praecox

落葉低木。葉は互生、卵状楕円形で長さ6～12cm、鋸歯縁。雌雄異株または同株。長さ3～10cmの総状花序を下垂し、黄色で長さ6～9mmの鐘形花を多数つける。果実は径7～12mmの楕円形、緑～黄褐色に熟す。

花期：3～4月
果期：8～10月
高さ：3～4m
環境：林縁や雑木林内に多

2012.4.19

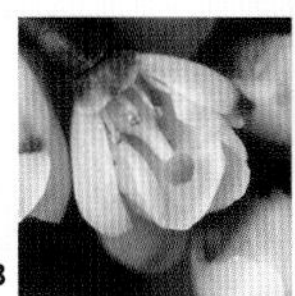

雌花　1999.4.23

雄花　1999.4.23

果実　1991.10.10

アブラチャン

油瀝青　クスノキ科
Lindera praecox

よく萌芽し、幹を叢生。冬芽は仮頂芽で側芽が発達し、基部に2個の柄がある丸い花芽がつく。葉は狭卵形で全縁、先が尖る。果実は径1.5cmの球形、黄褐色に熟して不規則に割れ、赤褐色の種子を1個出す。

花期：3～4月
果期：9～10月
高さ：3～5m
環境：沢沿いに多

雄株　2016.3.15

ダンコウバイ

壇紅梅　クスノキ科
Lindera obtusiloba

冬芽は葉芽と花芽が別の節につき、葉芽は楕円形で花芽は無柄で丸い。葉は広卵形でふつう3裂し、裂片の先は鈍く、基部は浅い心形で3行脈がある。果実は径約8mmの球形で赤～黒紫色に熟す。

花期：3～4月
果期：9～10月
高さ：2～6m
環境：雑木林内にやや少

クスノキ科クロモジ属の低木

早春の沢沿いではクスノキ科クロモジ属の落葉低木がいち早く黄色の小さな花を咲かせる。アブラチャンとダンコウバイは展葉前に咲き、クロモジやヤマコウバシは葉の展開と同時に開花する。雌雄異株で雄花序は花数が多く、雌花序は花数が少ない。葉は互生。いずれも枝や葉を傷つけると香りがある。

クロモジ

黒文字　クスノキ科

Lindera umbellata

若い枝は暗緑色で折ると良い香りがする。冬芽は頂芽があり、葉芽は紡錘形ですぐ下に1～3個の円い花芽がつく。葉は倒卵状長楕円形で全縁。果実は径約5mmの球形で黒く熟す。

花期：3～4月
果期：9～10月
高さ：2～5m
環境：林縁や雑木林内に多

果実　2013.7.28

雌株　2015.3.22

ヤマコウバシ

山香　クスノキ科

Lindera glauca

冬に枯葉が残り、芽吹き時に落葉する。冬芽は仮頂芽で紡錘形、混芽で1つの冬芽の中に葉と花がいっしょに入っている。雌雄異株であるが、雄株はなく、雌株のみで結実。果実は黒く熟す。

花期：4月
果期：10～11月
高さ：3～5m
環境：雑木林内に多

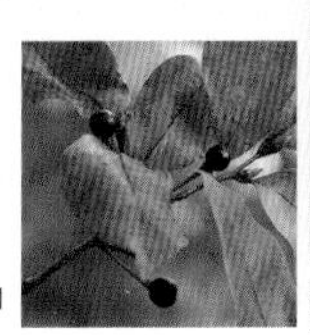

果実　2018.11.11

雌株　2015.4.16

雄株　2013.3.26

シバヤナギ

芝柳　ヤナギ科

Salix japonica

落葉低木。葉は長楕円形で縁には鋭鋸歯があり、下面は粉白色。雌雄異株。展葉と同時に花が咲く。雄花序は長さ3～9cm、雌花序は長さ約4cm。雄しべは2個で基部に腺体が1個ある。子房は柄がなく無毛、腺体は1個。丹沢や箱根などのフォッサマグナ地域には多産する。

花期：4月
果期：5月
高さ：1～3m
環境：日当たりの良い崖地や法面などにやや少

2014.4.15

ミツバツツジ

三葉躑躅　ツツジ科

Rhododendron dilatatum

落葉低木。葉は枝先に3葉が輪生状につく。若い葉は微細な腺毛があって粘り、これが乾いて黒い点になって残る。花は両性、展葉に先立って開花し、雄しべは5本、子房は腺毛があり、花柱は無毛。

花期：4月　果期：7～9月
高さ：1～3m　環境：日当たりの良い岩場や崖地に多

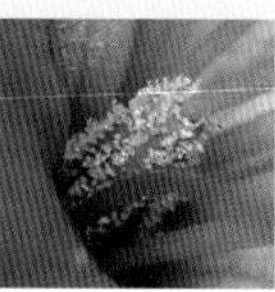
子房　1989.5.6

アセビ

馬酔木　ツツジ科

Pieris japonica

常緑低木～小高木。葉は枝先に集まり，倒披針形で長さ4～10cm、上面は主脈が突出し，下面は網目状の脈が目立つ。白色壺状の花を下向きに多数つける。

花期：3～4月
果期：9～10月
高さ：1～8m
環境：林縁や尾根などに多

2013.3.26

クサボケ

草木瓜　バラ科

Chaenomeles japonica

落葉小低木。葉は倒卵形で長さ2～5cm、基部に2個の扇形の托葉が目立つ。花は両性花と雄花が混生。果実は径3～4cmのナシ状果で黄色に熟す。

花期：3～5月　果期：9～10月
高さ：1m以下
環境：草地や明るい雑木林内などに多

2015.4.4

ヤマブキ

山吹　バラ科

Kerria japonica

落葉低木。地下茎で繁殖する。枝は緑色で、4年ほどで枯れる。葉は互生。花は両性、雌しべはふつう5個。果実は暗褐色の痩果で3～5個が熟す。

花期：4月　果期：7～9月
高さ：1.5～2m以下
環境：谷筋などの林縁や樹林内に多

2013.4.12

果実　2013.4.1

雄花　2013.4.12

アオキ

青木　アオキ科

Aucuba japonica

常緑低木。枝は太くて丸く緑色で無毛。葉は対生、葉身は長楕円形で質厚く、長さ 8 ～ 20cm。雌雄異株。円錐花序は雄花序では花数が多く、雌花序では少ない。花は 4 数性、紫褐色または緑色で径約 7mm。果実は楕円形の液果で長さ 1.5 ～ 2cm、赤く熟す。

花期：4 月
果期：12 ～ 5 月
高さ：2 ～ 3m
環境：山麓の樹林内に多

2014.4.24

果実　2013.12.1

メギ

目木　メギ科

Berberis thunbergii

落葉低木。枝には縦溝と稜があり、各節に長さ 7 ～ 10mm の鋭い刺がある。葉は短枝に集まってつき、倒卵形で基部は葉柄に流れ、下面は緑白色で細脈が見えない。花は両性、短枝の先に 2 ～ 4 個の黄色花を下垂する。果実は液果で赤く熟す。

花期：4 月
果期：10 ～ 12 月
高さ：1 ～ 2m
環境：林縁にやや少

コクサギ

小臭木　ミカン科

Orixa japonica

落葉低木。葉は２個ずつ同じ方向につく互生で、コクサギ型葉序と呼ばれる。葉身は倒卵形で長さ５～12cm、全縁または波状縁、透かして見ると全体に油点がある。雌雄異株。花は前年の枝につき、雄花は総状花序につき、雌花は単生する。果実は３～４分果に分かれ、裂開する。

花期：4～5月
果期：7～12月
高さ：1～5m
環境：沢沿いに多

雄株　2015.4.4

果実　2016.12.3

サンショウ

山椒　ミカン科

Zanthoxylum piperitum

落葉低木。枝の刺は葉柄基部に対生。葉は互生し、奇数羽状複葉で５～９対の小葉をつける。小葉は長さ1～3cm、波状の鋸歯があり凹部に油点がある。雌雄異株。果実は２分果に分かれ、赤褐色に熟して裂開し。光沢のある黒い種子を出す。

花期：4～5月
果期：9～10月
高さ：2～5m
環境：雑木林内などに多

雄株　2017.4.25

冬芽と棘　2017.11.2

果実　2014.9.30

2014.4.22

果実　2013.6.17

ニワトコ

庭常　ガマズミ科

Sambucus racemosa* ssp. *sieboldiana

落葉低木〜小高木。葉は対生し、奇数羽状複葉で小葉は2〜6対。小葉は長楕円形で長さ3〜10cm、縁には細鋸歯がある。花は両性、新枝の先に円錐花序を出し、黄白色の小さな花を多数つける。果実は径3〜5mmの核果で赤く（稀に黄色）熟す。

花期：4〜5月
果期：6〜8月
高さ：3〜6m
環境：林縁に多

2014.5.8

果実　2015.6.13

ヒメコウゾ

姫楮　クワ科

Broussonetia monoica

落葉低木。葉は互生、葉柄は長さ0.5〜1cm、葉身はゆがんだ卵形で先は尾状に伸び、縁には細鋸歯があり、両面に毛がある。雌雄同株、新枝の基部の葉腋に雄花序、上部の葉腋に雌花序をつけ、雌花は赤紫色の花柱が目立つ。複合果（クワ状果）は径1〜1.5cmの球形で橙赤色に熟す。

花期：4〜5月
果期：6〜7月
高さ：2〜5m
環境：林縁に多

ヤマツツジ

山躑躅　ツツジ科

Rhododendron kaempferi

半常緑の低木。春に出た葉は大きくなり秋には落葉し、夏に出た小さな葉は越冬する。春葉は楕円形で長さ2～4cm、両面に褐色扁平で伏した剛毛がある。花は朱色で上側の裂片に濃色の斑点があり、雄しべは5本。

花期：5月
果期：8～10月
高さ：1～3m
環境：草地、林縁、明るい樹林内に多

2013.5.19

ハナイカダ

花筏　ハナイカダ科

Helwingia japonica

落葉低木。枝は緑色で無毛。葉身は広楕円形で長さ3～15cm、縁には細鋸歯があり、鋸歯の先は刺状に伸びる。雌雄異株。花は葉の上面主脈の中央付近に雄花は数個、雌花は1～3個つけ、淡緑色で径4～5mm。果実は径約7mmの球形で黒く熟す。

花期：5月
果期：8～10月
高さ：1～2m
環境：谷筋などの湿った樹林内に多

雄株　1989.6.16

果実　2012.7.30

雌花　2011.5.19

果実　1993.10.22

カマツカ

鎌柄　バラ科

Pourthiaea villosa

落葉低木〜小高木。葉は互生、葉身は倒卵形で長さ4〜7cm、縁には細かい鋭鋸歯がある。葉の幅や毛の有無には変化がある。花は両性、短枝の先に複散房花序をつけ、径約1cmの白色花を10〜20個つける。果実はナシ状果、径8〜10mmの楕円形で赤く熟す。

花期：5月
果期：10〜11月
高さ：4〜7m
環境：雑木林内などに多

果実　2015.10.18

サワフタギ

沢蓋木　ハイノキ科

Symplocos sawafutagi

落葉低木〜小高木。樹皮は灰褐色で縦に細く裂け、若い枝には曲がった毛がある。葉は互生、葉身は倒卵形で長さ4〜8cm、先は急に短く尖り、縁には細かい鋭鋸歯があり、下面に脈が隆起し脈上に毛が多い。花は両性、円錐花序に径7〜8mmの白色花をつける。果実は青く熟す。

花期：5月
果期：9〜10月
高さ：2〜4m
環境：林縁や雑木林内などに多

マルバウツギ

丸葉空木　アジサイ科

Deutzia scabra

落葉低木。若い枝は紫褐色で星状毛を密生。葉は対生、花序の下の葉は無柄で茎を抱き、他の葉は短柄があり、葉脈は上面に凹み、下面に隆起する。花は両性、円錐花序に径約 1cm の白色花をつけ、花糸の翼は上部がしだいに狭まる。

花期：4 ～ 5 月
果期：10 ～ 11 月
高さ：1 ～ 2m
環境：日当たりの良い岩場や崖地に多

2015.5.14

2013.05.19

ウツギ

空木　アジサイ科

Deutzia crenata

落葉低木。若い枝は赤褐色で星状毛がある。葉は対生、すべて同形で短い柄があり、下面は灰緑色で星状毛が多い。花は両性、円錐花序に径約 1cm の白色花をつけ、花糸には翼があり、その上端は広がる。ヒメウツギは標高の高い所の岩場などに稀に見られ、星状毛がほとんどなく、マルバウツギと同じ頃に開花する。

花期：5 ～ 6 月
果期：10 ～ 11 月
高さ：1 ～ 3m
環境：林縁に多

2013.5.28

2016.05.24

2014.5.8

コバノガマズミ

小葉の莢蒾　ガマズミ科
Viburnum erosum

落葉低木。若い枝には星状毛が密生し、粗い毛が疎らに生える。葉は対生し、葉柄は短く長さ5mm以下、両面に星状毛がある。

花期：5月
果期：9～11月
高さ：2～4m
環境：雑木林内に多

2015.4.16

オトコヨウゾメ

男ようぞめ　ガマズミ科
Viburnum phlebotrichum

落葉低木。葉形はコバノガマズミに似るが、枝や葉に星状毛がほとんどない。散房花序はやや下垂し、花数が少ない。

花期：5月
果期：9～11月
高さ：1～3m
環境：雑木林内に少

2019.5.13

ミヤマガマズミ

深山莢蒾　ガマズミ科
Viburnum wrightii

落葉低木。葉柄や花序に長い絹毛が生え、星状毛はほとんどない。葉柄は長さ1～2.5cm、葉身の先は細長く伸びる。

花期：5月
果期：9～10月
高さ：2～4m
環境：標高の高い所に少

ガマズミ

莢蒾　ガマズミ科
Viburnum dilatatum

落葉低木。若い枝には粗い毛が多く、細かい星状毛がある。葉は対生、葉柄は長さ1～2cmあり、粗い毛が密生、葉身は広卵形で長さ6～14cm、先は短く突き出る程度。果実は径6～8mm、赤く熟し、酸っぱい。ミヤマガマズミよりも標高の低い所に多い。

花期：5～6月
果期：9～11月
高さ：2～5m
環境：林縁や雑木林内に多

2013.6.1

果実　2013.9.29

ヤブデマリ

藪手毬　ガマズミ科
Viburnum plicatum
var. *tomentosum*

落葉低木～小高木。葉は対生し、若い枝、葉柄、葉下面に星状毛が多い。水平に伸びた枝に短枝が対生し、短枝の先に散房花序をつける。花序の中央に両性花、周辺に径2～4cmの白色の装飾花をつける。果実は径5～7mmの核果で、赤～黒に熟し、花序枝も赤く色づく。

花期：5～6月
果期：8～10月
高さ：3～6m
環境：谷筋の湿った樹林内に多

2014.5.17

果実　2015.7.25

2014.5.14

ミツバウツギ

三葉空木　ミツバウツギ科

Staphylea bumalda

落葉低木。冬芽は枝先に２個並ぶ。葉は対生し、３小葉からなり、頂小葉の基部は小柄に流れ、側小葉はほとんど無柄、小葉の縁には細鋸歯がある。枝先に円錐花序をつける。花は両性、萼片は白色花弁状で５個、花弁は直立。果実は矢筈形で長さ２～2.5cm、褐色に熟す。

花期：5～6月
果期：9～11月
高さ：3～5m
環境：谷筋の林縁や樹林内に多

果実　2013.11.16

2012.5.31

ココゴメウツギ

小米空木　バラ科

Neillia incisa

落葉低木。叢生し分枝してヤブをつくる。葉は互生、葉身は3角状卵形で長さ２～4cm、３裂または羽状に浅～中裂し、下面は細脈まで見え、脈上と葉柄に軟毛がある。花は両性、小型の円錐花序に径４～5mmの白色花をつけ、雄しべは10個。果実は径２～3mmの袋果で萼に包まれる。

花期：5～6月
果期：9～10月
高さ：1～2m
環境：林縁や樹林内に多

ツクバネウツギ

衝羽根空木　スイカズラ科

Abelia spathulata

落葉低木。葉は対生、葉身は卵形で長さ2～4cm、半ばから先に不規則な鋸歯があり、下面主脈基部の両側に開出毛がある。花は両性、新枝の先に2個つけ、萼筒は細長く、花柄のように見え、先は等しく5裂。花冠は長さ2～3cmの漏斗状で上唇は2裂、下唇は3裂する。オオツクバネウツギ*A. tetrasepala*は萼裂片の1枚が短いか欠如する。

花期：5～6月
果期：9～11月
高さ：1～3m
環境：林縁や樹林内に多

2014.5.1

オオツクバネウツギの萼
2014.4.22

ニシキウツギ

二色空木　スイカズラ科

Weigela decora

落葉低木～小高木。葉は対生、葉柄は長さ5～10mm、葉身は長さ5～12cm、下面脈上に低くて斜上する毛が密生。花は両性、花冠は漏斗状で先は5裂し、はじめ白色でしだいに紅色に変わるが、はじめから紅色のもの（ベニバナニシキウツギ）、白色のままのもの（シロバナニシキウツギ）もある。

花期：5～6月
果期：10～11月
高さ：3～5m
環境：林縁に多

1990.6.17

2016.5.28

果実　2013.10.21

ナツハゼ

夏櫨　ツツジ科

Vaccinium oldhamii

落葉低木。若い枝には褐色の腺毛が生える。葉は互生、葉柄はきわめて短く、葉身上面に上向き剛毛状の腺毛があり、触ると著しくざらつき、縁にも毛があり、微細な鋸歯に見える。花は両性。新枝の先に総状花序を出し、壺形の淡黄色花をつける。果実は球形の液果で黒く熟し、果実上部に萼の落ちたあとが大きく残る。

花期：5～6月
果期：8～10月
高さ：1～3m
環境：乾いた林内や林縁にやや少

2016.5.24

ネジキ

捩木　ツツジ科

Lyonia ovalifolia* var. *elliptica

落葉低木～小高木。樹皮は縦に裂目が入り捩れる。葉は互生、葉身は卵状楕円形で基部は円形～浅心形、縁はやや波打ち、下面の主脈基部に開出白軟毛を密生する。花は両性。前年枝の葉腋から総状花序を出し、長さ1cm弱の壺形の白花を下向きに整列してつける。

花期：5～6月
果期：9～10月
高さ：2～7m
環境：乾いた尾根上に多

バイカツツジ

梅花躑躅　ツツジ科

Rhododendron semibarbatum

2015.6.10

落葉低木。葉は互生、枝先に集まってつき、葉柄には粘液を出す腺毛が目立つ。葉身は楕円形で縁は細毛があり微細な鋸歯状に見える。花は葉の陰に隠れるように咲き、ツツジ属ではもっとも遅い。花冠は径約 2cm、上側の裂片に紅色の斑点がある。果実は径約 5mm の球形で腺毛が残る。

花期：6 月
果期：8 〜 10 月
高さ：1 〜 3m
環境：乾いた尾根上にやや少

ガクウツギ

萼空木　アジサイ科

Hydrangea scandens

2014.5.17

別名コンテリギ。落葉低木。葉は対生、葉柄は長さ 0.5 〜 1cm、葉身は長さ 4 〜 7cm、縁は細かい鋸歯があり、上面は金属的な鈍い光沢、下面脈腋に毛叢がある。散房花序の中央に両性花、周縁には装飾花をつける。装飾花の萼片は 3 個で白色ときに黄色を帯びる。

花期：5 〜 6 月
果期：9 〜 10 月
高さ：1 〜 2m
環境：沢沿いの林縁や樹林内に多

1989.8.4

ヤマアジサイ

山紫陽花　アジサイ科
Hydrangea serrata

別名サワアジサイ。落葉低木。葉は対生、葉柄は長さ1～4cm、葉身は長楕円形で長さ10～15cm、下面脈上に短毛があり、脈腋に縮毛が多い。枝先に径5～10cmの散房花序を出し、中央に両性花、周辺に装飾花をつける。装飾花の萼片はふつう4個で白色～淡青色。

花期：6月
果期：10～11月
高さ：1～2m
環境：沢沿いの樹林内に多

2014.5.18

コアジサイ

小紫陽花　アジサイ科
Hydrangea hirta

落葉低木。葉は対生、葉柄は長さ1～4cm、葉身は卵形～楕円形で長さ5～8cm、質は薄く、下面脈上に毛があり、縁には3角形の大きな鋸歯がある。散房花序は径約5cm、花は白色～淡青色、すべて両性で装飾花はつけない。

花期：5～6月
果期：9～10月
高さ：1～2m
環境：林縁や明るい樹林内に多

バイカウツギ

梅花空木　アジサイ科
Philadelphus satsumi

落葉低木。冬芽は葉痕の中に隠れて見えない。ウツギ属のような星状毛を持たない。葉は対生、基部から先まで伸びる3脈が目立ち、縁には疎らな小鋸歯がある。枝先に集散花序を出し、白色花を数個つける。花弁は4個で長さ1～1.5cm。

花期：5～6月
果期：9～10月
高さ：1～3m
環境：林縁に少

2017.5.7

ヤマウルシ

山漆　ウルシ科
Toxicodendron trichocarpum

落葉低木～小高木。葉は互生し、長さ20～40cmの奇数羽状複葉で小葉は4～8対あり，最下の1対は小型で丸く、葉軸や葉柄は紅色を帯びて軟毛が密生する。成木の小葉は全縁で、幼木の小葉には粗い鋸歯がある。雌雄異株。円錐花序を下垂し、黄緑色の小さな花を多数つける。果実に剛毛がある。秋に紅葉が美しい。

花期：5～6月
果期：9～10月
高さ：3～8m
環境：林縁や明るい樹林内に多

雄株　2013.5.28

雌株
2016.5.21

果実　2017.7.28

ヤマウコギ

山五加木　ウコギ科
Eleutherococcus spinosus

小葉の縁には先が丸い単鋸歯があり、上面脈上の刺状毛は目立たず、下面脈腋の膜状物は目立つ。散形花序の小花柄は長さ8～12mm、30～45花（果）をつける。

花期：5～6月
果期：7～8月
高さ：2～4m
環境：林縁に多

雌株
2016.5.31

果実　2015.7.19

オカウコギ

丘五加木　ウコギ科
Eleutherococcus japonicus

小葉の縁には欠刻状の粗い鋸歯があり、重鋸歯が混じり、上面は刺状毛が目立ち、下面脈腋の薄膜は目立たない。散形花序の小花柄は長さ5～8mm、10～20花（果）をつける。

花期：5～6月
果期：7～8月
高さ：2～3m
環境：林縁に少

ヤマウコギとオカウコギ

ヤマウコギとオカウコギはよく似ていて区別は難しい。落葉低木。枝には葉や葉痕の下に刺があり、短枝が発達する。葉は長枝では互生し、短枝では集まってつき、5小葉からなる掌状複葉で、小葉の縁には鋸歯があり、上面脈上には刺状毛、下面脈腋には薄い膜がある。雌雄異株。長い総花柄の先に散形花序をつけ、黄緑色の小さな花をつける。雄花は花弁より長い5本の雄しべがある。雌花の花柱は2裂する。果実は球形で扁平な液果。

ノイバラ

野茨　バラ科　*Rosa multiflora*

落葉低木。葉は7～9小葉よりなり、小葉の下面に軟毛が生えることで他のバラ属から見分けることができる。花は径約2cm。

花期：5～6月　果期：9～11月
高さ：1～2m
環境：河原や林縁などの明るい所に多

2017.5.12

ヤマテリハノイバラ

山照葉野茨　バラ科
Rosa onoei* var. *oligantha

別名アズマイバラ。落葉低木。葉は5～7（稀に9）小葉よりなり、頂小葉は側小葉より大きく卵状楕円形で鋭尖頭、下面は無毛。

花期：5～6月　果期：10～11月
高さ：1～2m　環境：林縁に多

2013.6.1

テリハノイバラ

照葉野茨　バラ科　*Rosa luciae*

地を這う落葉低木。葉は7～9小葉からなり、頂小葉と側小葉は同形同大で、先は円いものが多く、下面は無毛。花は径3～3.5cm。

花期：5～6月　果期：10～11月
高さ：1m以下
環境：草地や河原に多

2016.7.2

バラ科バラ属

斜上またはややつる性の低木で枝には刺がある。葉は互生し、奇数羽状複葉で小葉は細鋸歯縁、葉柄基部に合着した托葉がある。花は両性、萼筒は壺形で果実に残り、花弁は5個、雄しべは多数あり、花弁とともに萼筒の喉部につく。萼筒は熟して多肉質となりバラ状果という偽果を作る。

2012.6.24

ウリノキ

瓜の木　ミズキ科
Alangium platanifolium* var. *trilobatum

落葉低木。葉は互生、葉身は長さ幅ともに7～20cm、浅く3裂ときに5裂し、両面に軟毛がある。花は両性，葉腋から疎らな集散花序を出し、白色花を下向きにつける。つぼみは細長く、開花すると花弁が反り返り、黄色の細長い葯が目立つ。果実は長さ7～8mmの楕円形の核果で藍色に熟す。

果実　2013.8.9

花期：6月
果期：8～10月
高さ：2～4m
環境：谷筋の湿った樹林内に多

雄花　2016.6.4

ウメモドキ

梅擬　モチノキ科
Ilex serrata

落葉低木。葉は互生、葉柄は長さ４～９mm、葉身は長さ３～8cmの楕円形で基部はくさび形、縁には細鋸歯がある。雌雄異株。新枝の葉腋に径３～４mmの淡紫色花を雄花では多数、雌花では数個つける。果実は径約5mm，赤く熟す。

花期：6月
果期：9～10月
高さ：2～3m
環境：湿った落葉樹林内に稀

果実　2013.10.19

シラキ

白木　トウダイグサ科

Neoshirakia japonica

落葉低木〜小高木。葉や若枝を傷つけると白色の乳液を出す。葉は互生、葉身は楕円形または卵形で長さ6〜12cm、縁は全縁でときに細かく波打ち、葉柄上端に腺体、支脈の末端に腺点がある。枝先に長さ5〜8cmの総状花序を出し、上部に雄花を多数つけ、下部に少数の雌花をつける。

花期：6月
果期：10〜11月
高さ：3〜10m
環境：谷筋に多

2013.6.8

果実　2015.7.11

ミヤマホウソ

深山柞　アワブキ科

Meliosma tenuis

別名ミヤマハハソ。落葉低木。葉は互生、葉柄は長さ1〜1.5cm、ときに紅色を帯び、葉身は長さ5〜15cm、側脈は7〜14対あり、先は粗い鋸歯に入り、下面脈腋に毛叢がある。花は両性、枝先に円錐花序を下垂し、径約4mmの黄白色花を多数つける。果実は径3〜4mmで黒く熟す。

花期：6月
果期：9〜10月
高さ：2〜3m
環境：谷筋の樹林内にやや少

2015.6.13

2014.6.26

果実　2015.12.2

ムラサキシキブ

紫式部　シソ科

Callicarpa japonica

落葉低木。冬芽は頂芽が発達し、柄のある裸芽で星状毛に被われる。葉は対生、葉身は長さ6～15cm、基部はくさび形で縁には細鋸歯があり、両面ともに無毛、下面には淡黄色の腺点がある。花は両性、葉腋から集散花序を出し、長さ3～5mmの紫色花を多数つけ、雄しべ4本が突き出る。果実は径約3mmで紫色に熟す。

花期：6～7月
果期：10～11月
高さ：2～4m
環境：林縁や雑木林内に多

2016.5.31

果実　2011.10.27

ヤブムラサキ

藪紫　シソ科

Callicarpa mollis

落葉低木。ムラサキシキブに似るが、葉は基部が円形で、上面に単純毛、下面には星状毛が密生する。若い枝、葉柄、花序、萼にも密に星状毛がある。花冠はムラサキシキブよりも紅色が濃く、萼は深裂し、果実は下半が萼に被われる。

花期：6～7月
果期：10～11月
高さ：2～3m
環境：林縁や雑木林内に多

フジウツギ

藤空木　ゴマノハグサ科

Buddleja japonica

落葉低木。枝は4稜があり、稜は狭い翼状になる。葉は対生し、下面に星状毛がある。花冠は筒状で長さ1.5～1.8cm、筒部に白色の星状綿毛が密生し、先は4裂する。

花期：7～8月　果期：9～10月
高さ：1～2m
環境：河原や崩壊地などにやや稀

2015.6.29

ノリウツギ

糊空木　アジサイ科

Hydrangea paniculata

落葉低木～小高木。葉は対生、楕円形で長さ5～15cm。枝先に円錐花序を出し、中央に両性花を、周辺に白色の装飾花を疎らにつける。

花期：7～9月　果期：9～11月
高さ：2～5m
環境：標高の高い所の林縁にやや稀

2019.7.9

タマアジサイ

玉紫陽花　アジサイ科

Hydrangea involucrata

落葉低木。葉は対生し、長さ10～25cm､縁は細い鋭鋸歯があり、両面に硬い毛がある。花序はつぼみのときに苞に包まれた球状で目立つ。

花期：8～9月
果期：10～12月
高さ：1～2m
環境：沢沿いの湿った樹林内に多

2011.8.24

2016.8.3

果実　2013.10.10

クサギ

臭木　シソ科

Clerodendrum trichotomum

落葉低木〜小高木。葉は対生、葉柄は長さ5〜10cm、葉身は卵形で長さ8〜15cm、縁は全縁また不明瞭な鋸歯があり、全体に有毛、葉身基部の下面に腺点がある。花は両性、花冠は5裂し、裂片は白色で平開し、先から長い雄しべと雌しべが突き出て、芳香がある。果実は藍色に熟し、星型に開いた紅色の萼が目立つ。

花期：8〜9月
果期：9〜10月
高さ：3〜8m
環境：林縁に多

2018.7.13

芽　2015.3.28

タラノキ

楤の木　ウコギ科

Aralia elata

落葉低木〜小高木。幹や葉軸に刺があるが、稀に刺のないものもある。葉は互生、長さ50〜100cm、2回羽状複葉で5〜9羽片があり、各羽片には2〜7対の小葉がつく。幹の頂に大型の複散形花序を出し、花序の上部に両性花、下方に雄花をつける。果実は径3mmの液果で黒く熟す。芽出しは山菜として有名。

花期：7〜9月
果期：9〜11月
高さ：2〜6m
環境：林縁や荒れ地に多

ヌルデ

白膠木　ウルシ科

Rhus javanica* var. *chinensis

落葉低木〜小高木。葉は互生、長さ30〜60cmの奇数羽状複葉で葉軸の小葉と小葉の間に翼がある。雌雄異株。枝先の円錐花序に白色の小さな花を多数つける。

花期：8〜9月　果期：10〜12月
高さ：4〜10m　環境：林縁に多

果実　2013.11.2

ミヤマシキミ

深山樒　ミカン科

Skimmia japonica

常緑低木。枝や葉を傷つけると柑橘系の香りがする。葉は互生、下面に透明な油点がある。雌雄異株。花よりも赤い果実が目立つ。有毒植物。

花期：4〜5月　果期：11〜2月
高さ：1〜1.5m
環境：樹林内に多

果実　2015.11.11

ヤブコウジ

藪柑子　サクラソウ科

Ardisia japonica

常緑小低木。葉は茎の上部に3〜4個が輪生状につき、花は葉腋に2〜5個下向きにつく。果実は径6〜8mmの球形で赤く熟す。

花期：7〜8月　果期：9〜11月
高さ：10〜20cm
環境：山麓の樹林内に多

果実　2015.11.6

果実　2013.10.21

ニシキギ

錦木　ニシキギ科

Euonymus alatus

落葉低木。枝に翼がある。葉は対生、葉柄は長さ1～3mm、葉身は長さ2～7cm、縁には細かい鋭鋸歯があり、両面とも無毛。本年枝の芽鱗が落ちた跡から長さ1～3cmの短い柄を伸ばし、両性花をつける。花弁は4個、雄しべも4個。果実は2分果に分かれ、裂開して橙赤色の仮種皮に包まれた種子を出す。

花期：5～6月
果期：10～11月
高さ：1～3m
環境：雑木林内に多

果実　2013.9.29

2019.5.13

ツリバナ

吊花　ニシキギ科

Euonymus oxyphyllus

落葉低木。葉は対生、葉柄は長さ3～10mm、葉身は長楕円形で長さ3～10cm、縁には鈍い鋸歯があり、両面とも無毛。花序は葉腋から出て、長い柄があって垂れ下がり、両性花をつける。花弁は5個、雄しべも5個。果実は径約1cm、紅色に熟し、5裂して橙赤色の仮種皮に包まれた種子を出す。

花期：5～6月
果期：9～10月
高さ：2～4m
環境：雑木林内に多

マユミ

真弓　ニシキギ科

Euonymus sieboldianus

落葉低木～小高木。葉は対生、葉柄は長さ 5 ～ 20mm、葉身は長楕円形で長さ 5 ～ 15cm、縁には細鋸歯があり両面無毛。本年枝の芽鱗痕から集散花序を出し、緑白色の小さな両性花をつける。果実は径約 1cm、4 稜があり、淡紅色に熟し、熟すと裂開して橙赤色の種子を出す。

花期：5 ～ 6 月
果期：10 ～ 11 月
高さ：3 ～ 5m
環境：林縁に多

果実　2015.11.26

1991.10.30

ゴンズイ

権萃　ミツバウツギ科

Staphylea japonica

落葉低木～小高木。冬芽は枝先に 2 個つく。葉は対生し、長さ 10 ～ 30cm の奇数羽状複葉。小葉は 2 ～ 5 対あり、長さ 3 ～ 10cm、上面は濃緑色で光沢があり、縁に細鋸歯がある。花は両性。本年枝の先に円錐花序を出し、黄緑色の小さい花を多数つける。果実は長さ 1cm の半月形、赤く熟し、裂開すると 1 ～ 2 個の光沢のある黒い種子が出る。

花期：5 ～ 6 月
果期：9 ～ 11 月
高さ：3 ～ 5m
環境：雑木林内に多

果実　2016.10.21

冬芽　2017.11.22

キイチゴ属の花と果実

キイチゴ属の花は1つの花に多数の雄しべと雌しべがあり、各雌しべは花後に液質の核果となり、キイチゴ状果と呼ばれる集合果になる。春に花が咲き、初夏に結実するキイチゴ属は、高尾山周辺には6種あり、秋に花が咲いて冬に結実するフユイチゴの仲間が2種ある。

2013.4.12

果実　2015.5.20

モミジイチゴ

紅葉苺　バラ科

Rubus palmatus* var. *coptophyllus

落葉低木。茎や葉柄には鋭い刺があり、葉身は単葉で、掌状に3～5裂する。花は径約3cm、葉腋に1個ずつ下向きに咲く。集合果は径1～1.5cmの球形で橙色に熟す。

花期：4月
果期：5～6月
高さ：1～2m
環境：林縁に多

2016.4.23

果実　2015.5.20

クサイチゴ

草苺　バラ科

Rubus hirsutus

落葉小低木。茎や枝には細い刺が疎らにあり、軟毛と腺毛が密生する。葉は奇数羽状複葉で小葉は1～2対。花は径約4cm。集合果は径約1cmで赤く熟す。

花期：4月
果期：5～6月
高さ：20～50cm
環境：草地や林縁に多

ナワシロイチゴ

苗代苺　バラ科

Rubus parvifolius

落葉小低木。茎には軟毛が密生し、下向きの刺がある。葉はふつう３出複葉、小葉の下面は綿毛が密生して白色。総状花序に少数花をつけ、花弁は紅紫色で長さ５～7mmと小さく平開しない。集合果は径約1.5cmで赤く熟す。

花期：5～6月
果期：6月
高さ：横に這い20～50cm
環境：草地に多

果実　2012.7.30

2015.6.29

ニガイチゴ

苦苺　バラ科

Rubus microphyllus

落葉低木。茎や葉柄には鋭い刺があり、葉身は単葉で、３裂することが多く、ときに分裂せず、下面は粉白色を帯びる。花は径２～2.5cm、ふつう１個ずつ上向きに咲く。集合果は径約1cmで赤く熟す。

花期：4～5月
果期：6～7月
高さ：0.5～2m
環境：林縁に多

2014.4.27

果実　2016.6.4

2018.4.24

果実　2009.9.7

クマイチゴ

熊苺　バラ科

Rubus crataegifolius

落葉低木。茎や葉柄には鋭い刺がある。葉身はモミジイチゴに似るが、質が厚く、長さ6～10cmと大きい。花は小さな花序をつくり数個が集まって咲き、径1～1.5cm。集合果は径約1cmで赤く熟す。

花期：4～5月
果期：7～8月
高さ：1～2m
環境：林縁に多

エビガライチゴ

海老殻苺　バラ科

Rubus phoenicolasius

落葉低木。茎は赤褐色の腺毛が密生し細い刺が混じる。葉はふつう3出複葉、小葉の下面は綿毛が密生して白色。花は数花が集まり、花弁は白色で萼よりも短く、直立して平開しない。集合果は径約1.5cm、赤く熟す。

果実　2015.7.19

2019.6.16

花期：6～7月
果期：6～8月
高さ：1～2m
環境：林縁に少

フユイチゴ

冬苺　バラ科

Rubus buergeri

つる性の常緑小低木。茎は褐色の短毛が密生し、刺はないものや短い刺がまばらにあるものがある。葉は互生、葉身は卵円形で幅と長さがほぼ同じで、先は円頭〜鈍頭、下面は短毛が密生してビロード状。萼の外側には淡褐色の短毛が密生し、花弁は萼よりも短い。集合果は径約 1cm、赤く熟す。

花期：9 〜 10 月
果期：11 〜 1 月
高さ：10 〜 30cm
環境：山麓の樹林内に多

果実　2015.11.28

2016.8.3

ミヤマフユイチゴ

深山冬苺　バラ科

Rubus hakonensis

つる性の常緑小低木。茎は無毛または軟毛が疎らにあり、細い刺が疎らにある。葉は互生、葉身は広卵形で幅より長さが長く先は尖り、下面には脈上にわずかに毛があるのみ。萼の外側はほとんど無毛、花弁は萼よりも短い。集合果は径 8 〜 9mm、赤く熟す。

花期：9 〜 10 月
果期：11 〜 1 月
高さ：10 〜 30cm
環境：山麓の樹林内に多

果実　2015.11.11

2012.8.26

つる性木本の花

アケビやフジなどのつる性の木本は藤本ともいい、冬になってもつるが枯れず、冬芽をつける。低木の花と同様に季節順に並べたが、サルトリイバラやツルウメモドキなど果実が目立つものは果期で配置した。また、ヤドリギとマツグミは樹幹に着生する寄生植物であるが、つる性木本の最後に入れた。なお、草本性のつる植物は季節の花として扱った。

1994.5.4

アケビ

木通　アケビ科　*Akebia quinata*

落葉つる性木本。つるは右巻きに巻き上がる。葉は互生、小葉が５個の掌状複葉で小葉は長楕円形で全縁、基部から３脈が目立つ。花は両性、花序の先に数個の雄花が疎につき、基部に柄の長い雌花が１～３個、雄花よりも長く垂れ下がる。花弁状の萼片３個が目立ち、雄花では紫色を帯びた黄白色、雌花は少し大きく淡赤紫色。

花期：4～5月　果期：9～10月
高さ：高木に登る
環境：林縁や雑木林内に多

果実　2019.10.23

ミツバアケビ

三つ葉木通　アケビ科　*Akebia trifoliata*

落葉つる性木本。つるは右巻きに巻き上がる。葉は互生、小葉が３個の掌状複葉で小葉は卵形で波状の鋸歯があり、基部３脈の外側に細い脈がある。花は両性、花序の先に数個の雄花が密につき、基部に柄の長い雌花が１～３個つく。花弁状の萼片は３個で雄花雌花ともに濃紅紫色。

花期：4～5月　果期：9～10月
高さ：高木に登る
環境：林縁や雑木林内に多

フジ

藤　マメ科

Wisteria floribunda

落葉つる性木本。つるは左巻きに巻き上がる。葉は互生、奇数羽状複葉で小葉は５～９対。花は両性、枝先から長さ10～20cmの総状花序を下垂し、紫色の蝶形花を多数つける。豆果は長さ10～20cm、乾燥するとはじけて径約1.2cmの円盤状の種子を飛ばす。

花期：５月
果期：10～12月
高さ：高木に登る
環境：林縁や雑木林内に多

2013.5.1

ジャケツイバラ

蛇結茨　マメ科

Caesalpinia decapetala

落葉つる性木本。つる、葉柄、葉軸に鋭い逆刺がある。葉は互生、２回偶数羽状複葉で３～８対の羽片をつけ、各羽片には５～12対の小葉をつける。小葉は長さ１～2.5cm。花は両性、枝先に長さ20～30cmの総状花序を出し、径約2.5cmの黄色花を多数つける。豆果は上側の合わさり目が翼となり、長さ約1cmの楕円形の種子を数個入れる。

花期：５月　果期：10～11月
高さ：高木に登る
環境：林縁にやや少

2013.5.28

果実　2013.8.13

2013.5.28

2012.5.17

2014.5.8

果実　2014.11.17

オオバウマノスズクサ

大葉馬鈴草　ウマノスズクサ科

Aristolochia kaempferi

落葉つる性木本。つるは右巻きに巻き上がり、軟毛が生える。葉は互生し、卵形で基部は心形、長さ8～12cm、下面脈上の毛は斜上する。花は両性、葉腋につけ、萼は合着してラッパ状、先は広がって径約2cm、黄色の地に褐色の縞模様がある。果実は長楕円形で6稜があり、稜の間で裂けて多数の種子を出す。

花期：5月　果期：9～11月
高さ：低木に登る
環境：林縁や雑木林内に多

2013.5.19

果実　2017.11.12

ハンショウヅル

半鐘蔓　キンポウゲ科

Clematis japonica

落葉つる性木本。葉は互生し、3小葉からなり、小葉は長さ4～10cm。花は両性。葉腋から花柄を伸ばし、花柄の中部には1対の披針形の小苞があり、花柄は葉柄より明らかに長い。花弁はなく、萼片は下向きの鍾状で紫褐色。果実は痩果、花後に花柱は伸長して羽毛状になる。

花期：5月
果期：10～11月
高さ：低木に登る
環境：林縁に多

イワガラミ

岩絡み　アジサイ科

Hydrangea hydrangeoides

落葉つる性木本。幹や枝から気根（空気中に伸ばす根）を出して、他物に張り付いてよじ登る。葉は対生、縁の鋸歯は粗く、片側に20個以下。花序の中央に両性花、周辺に装飾花をつける。装飾花は1個の白色萼片からなるので、花序があれば果実期でもツルアジサイとは容易に区別できる。

花期：6月
果期：9～10月
高さ：高木に登る
環境：シイ・カシ帯～ブナ帯の樹林内や林縁に多

2015.6.13

2015.6.13

ツルアジサイ

蔓紫陽花　アジサイ科

Hydrangea petiolaris

落葉つる性木本。葉の形態はイワガラミによく似ているが、装飾花には3～5個の白色萼片があるので、花序があれば区別は容易。葉の縁の鋸歯はイワガラミに比べて細かく、成葉では片側30個以上ある。幼木では葉が小さく、鋸歯が粗くなるので、イワガラミとの区別は難しくなる。

花期：6～7月
果期：9～10月
高さ：高木に登る
環境：ブナ帯の樹林内に稀

2001.7.1

2001.7.1

白い葉
2013.6.25

マタタビ

木天蓼　マタタビ科
Actinidia polygama

落葉つる性木本。つるは右巻きに巻き上がる。葉は互生し、光沢がなく下面脈上に突起状の硬い毛がある。花期に枝先につく葉が白色になる。花は若い枝の中部付近の葉腋につけ、雄花をつける株と両性花をつける株があり、両性花と雌花は1個ずつ、雄花は1～3個つける。果実は細長く、先端は尖る。

雄花
2016.6.22

果実　2013.8.2

花期：6～7月
果期：10月
高さ：低木から高木に登る
環境：林縁に多

サルナシ

猿梨　マタタビ科
Actinidia arguta

落葉つる性木本。つるを縦に削ると髄の隔壁がはしご状になっている。葉は上面にやや光沢があり、硬く、花期にも白色になることはない。雌雄異株または同株。花は若枝の先端近くの葉腋につき、雄花序には数花、雌花と両性花は1～3花をつけ、葯は黒紫色。果実は酒樽形でやや丸く、熟すとキウイフルーツに似た味がする。

雄花序　1992.6.29

果実　1999.10.22

花期：6～7月
果期：10～11月
高さ：低木から高木に登る
環境：林縁に多

スイカズラ

吸葛　スイカズラ科

Lonicera japonica

半落葉性のつる性木本。枝は褐色で粗い毛が密生する。葉は対生し、長楕円形で成葉では全縁、幼木では羽状に分裂することがあり、下面に毛が多い。花は両性、枝先の葉腋に２個ずつつけ、花冠は漏斗状の２唇形で白色から黄色に変わり、甘い芳香がある。液果は２個ずつ並び黒く熟す。和名は花の奥にある蜜を吸って遊ぶため。

花期：5～7月
果期：10～12月
高さ：低木に登る
環境：林縁や荒れ地に多

1994.6.10

果実　2015.11.11

テイカカズラ

定家葛　キョウチクトウ科

Trachelospermum asiaticum

常緑のつる性木本。つるから気根を出してよじ登る。若い枝には褐色の毛が密生する。葉は対生し、長さ３～7cm、全縁、上面は濃緑色で光沢があり、下面は淡緑色で網脈が目立つ。葉腋に集散花序を出し、径1.5～2.5cmの香りのよい花をつける。果実はインゲン豆の莢が２本並んだ形で、裂開して絹毛がある種子を出す。

花期：5～6月
果期：10～12月
高さ：高木に登る
環境：林縁や樹林内に多

2013.6.4

裂開した果実
2012.11.3

2013.9.9

果実　2012.11.14

センニンソウ

仙人草　キンポウゲ科

Clematis terniflora

草本状のつる性木本。葉は対生し、奇数羽状複葉で小葉は1～3対。小葉は3角状卵形で全縁、小葉柄が他物にからみつく。枝先や葉腋に円錐状の集散花序を出し、4萼片が十字形に平開した白色花をつける。果実は痩果、花後に花柱が伸長して羽毛状になる。

花期：8～9月
果期：10～12月
高さ：低木～小高木に登る
環境：林縁や草地に多

2012.8.13

ボタンヅル

牡丹蔓　キンポウゲ科

Clematis apiifolia

草本状のつる性木本。葉は対生し、葉柄で他物にからみつく。ふつう3出複葉で、2回3出複葉のものはコボタンヅルと呼ばれる。小葉の縁には欠刻状の鋸歯があり、葉脈は上面に凹み下面に突出する。葉腋より円錐状の集散花序を出し、4萼片が十字形に平開した白色花をつける。果実は痩果、花後に花柱が伸長し羽毛状になる。

花期：8～9月
果期：10～12月
高さ：低木～小高木に登る
環境：林縁や草地に多

キジョラン

鬼女蘭　キョウチクトウ科

Marsdenia tomentosa

常緑のつる性木本。つるは右巻きに巻き上がる。葉は対生、葉柄は長く、葉身は円形、上面は濃緑色で光沢がある。アサギマダラの幼虫の食草で、葉に丸い食痕が見られることが多い。花は両性、花冠は淡黄白色で5中裂して、径4～5mm、喉部に毛がある。果実は長さ10～15cmあり、緑色、裂けて白色の絹毛のある種子を出す。

花期：8～10月
果期：10～12月
高さ：小高木に登る
環境：常緑広葉樹林の林縁に多

2017.7.19

裂開した果実
2013.10.19

クズ

葛　マメ科

Pueraria lobata

草本状のつる性木本。塊根にデンプンを貯蔵し、葛粉として利用された。つるは褐色の立った毛が生え、右巻きに巻き上がり、先の方のつるは冬に枯れ、下方の太いつるには冬芽ができて木化する。葉は互生し3出複葉。葉腋から出る総状花序に紅紫色花を多数つける。豆果は偏平で褐色の剛毛が密生する。

花期：8～9月
果期：10～12月
高さ：小高木～高木に登る
環境：林縁や荒れ地に多

2016.8.19

果実　2013.11.2

雄花　2013.8.2

アオツヅラフジ

青葛藤　ツヅラフジ科

Cocculus orbiculatus

別名カミエビ。落葉つる性木本。つるは白色軟毛が生え、右巻きに巻き上がる。葉は互生し、卵形で浅く３裂する。雌雄異株。葉腋に黄緑色の小さな花をつける。果実は藍黒色に熟し、径約5mm、花よりも果実が目立つ。果実をつぶして核（内果皮に包まれた種子）を取り出すと、アンモナイトに似た形をしている。

花期：7～8月
果期：10～11月
高さ：低木～小高木に登る
環境：林縁に多

果実　2015.11.21

雄花序　2015.7.4

ツヅラフジ

葛藤　ツヅラフジ科

Sinomenium acutum

別名オオツヅラフジ。落葉つる性木本。つるは緑色で無毛、右巻きに巻き上がる。葉は互生、葉身は扁円形または広卵形でときに５～９浅裂し、無毛。雌雄異株。花は淡緑色で小さい。果実はブドウの房状の果序につき、径６～7mmで藍黒色に熟し、核はアンモナイト状。

花期：7～8月
果期：10～11月
高さ：小高木～高木に登る
環境：落葉広葉樹林内や林縁に多

サンカクヅル

三角蔓　ブドウ科

Vitis flexuosa

別名ギョウジャノミズ。落葉つる性木本。ブドウの仲間は茎が変化した巻きひげでからみつく。葉は3角状卵形で分裂しない。雌雄異株。果実は黒く熟す。

花期：6月　果期：10～11月
高さ：低木～小高木に登る
環境：落葉広葉樹林内や林縁にやや少

果実　2016.11.5

エビヅル

海老蔓　ブドウ科

Vitis ficifolia* var. *lobata

落葉つる性木本。葉は5角形状の卵形で3裂し、下面に淡褐色～白色のクモの巣状の毛が密生する。雌雄異株。果実は径6mmで黒く熟して食べられる。

花期：6～7月　果期：10～11月
高さ：低木～小高木に登る
環境：林縁に多

果実　1994.11.4

ノブドウ

野葡萄　ブドウ科

Ampelopsis glandulosa* var. *heterophylla

落葉つる性木本。葉はほぼ無毛。花はふつう両性。果実は空色や赤紫色などさまざまに色づき、ハエやハチの幼虫が寄生し、正常な果実は少ない。

花期：7～8月　果期：10～11月
高さ：低木～小高木に登る
環境：林縁に多

果実　2013.11.2

紅葉　2012.11.3

果実　1994.11.4

ツタ

蔦　ブドウ科

Parthenocissus tricuspidata

別名ナツヅタ。落葉つる性木本。巻きひげは分岐の先が吸盤になり他物に固着する。葉は互生し、ふつう３裂する単葉をつけるが、幼木や長枝では３出複葉をつけることがある。３出複葉の小葉は縁に粗い鋸歯があり、鋸歯の先端は小突起に終わる。秋には紅葉が美しい。

花期：6～7月
果期：10～11月
高さ：小高木～高木に登る
環境：樹林内や林縁に多

紅葉　2012.11.21

果実　2015.11.11

ツタウルシ

蔦漆　ウルシ科

Toxicodendron orientale

落葉つる性木本。気根で張り付いて他の樹木に登る。葉は３出複葉で、小葉は卵形～楕円形、羽状脈をもち全縁。幼木の葉は粗い鋸歯があり、ツタの葉に似るが、鋸歯の先に小突起がない。葉に触れるとかぶれるので要注意。雌雄異株。葉腋に黄緑色の小さな花を多数つける。果実は偏球形で径５～6mm、縦に筋がある。

花期：5～6月
果期：8～9月
高さ：小高木～高木に登る
環境：樹林内に多

サルトリイバラ

猿捕茨　サルトリイバラ科

Smilax china

落葉つる性木本。茎は硬く、屈曲して伸び、まばらに刺がある。葉は互生、托葉が巻ひげに変化。葉身は卵円形、縁は全縁、両面ともに無毛で３～５本の平行脈がある。雌雄異株。葉腋から散形花序を出し、黄緑色花を多数つける。果実は径７～8mm の液果で赤く熟す。

花期：4～5月
果期：10～11月
高さ：低木に登る
環境：林縁に多

果実　2015.12.2

雌花　2018.4.9

ツルウメモドキ

蔓梅擬　ニシキギ科

Celastrus orbiculatus

落葉つる性木本。つるは右巻きに巻き上がる。葉は互生し、倒卵形で長さ４～10cm、縁には鈍鋸歯があり、下面脈上は平滑または乳頭突起がある。雌雄異株。葉腋の集散花序に黄緑色の小さな花をつける。果実は径７～8mm、黄色に熟して３裂し、赤い仮種皮に包まれた種子が出る。

花期：5～6月
果期：10～12月
高さ：低木～小高木に登る
環境：林縁に多

果実　2013.11.30

雌花　1999.7.5

果実　2013.11.30
雄花　2015.8.27

サネカズラ

実葛　マツブサ科
Kadsura japonica

別名ビナンカズラ。常緑つる性木本。つるは左巻きに巻き上がり、新しいつるは皮をはぐと粘る。葉は互生、楕円形でやや厚く光沢があり、まばらに低鋸歯がある。花は単性で雌雄同株または異株、新枝の基部または短枝上に腋生し，径約1.5cm、花被片は黄白色、雄しべや雌しべは球状に集まる。集合果は径2～3cm、赤色に熟す。

花期：8月
果期：11月
高さ：低木～小高木に登る
環境：林縁に多

2013.10.21
2013.11.2

キヅタ

木蔦　ウコギ科
Hedera rhombea

別名フユヅタ。常緑つる性木本。気根で張り付いて樹木や岩に登る。葉は互生、葉身は長さ3～7cm、3～5裂し、花のつく枝では分裂しない。花は両性、枝先に径約3cmの球形の花序を出し、黄緑色の小さな花を多数つける。果実は径8～10mmの液果で黒く熟す。

花期：10～12月
果期：5～6月
高さ：高木に登る
環境：常緑広葉樹林内に多

寄生木本

ヤドリギ

宿木　ビャクダン科

Viscum album* subsp. *coloratum

半寄生の常緑小低木。茎は緑色で２叉に分枝する。葉は対生し、長さ５～6cm、多肉質で厚みがある。雌雄異株。花は小型で茎の先につく。果実は球形の液果で径６～8mm、鳥が食べると糞は著しく粘るようになり、種子を木の枝や幹に張り付ける。

花期：2～3月
果期：10～12月
高さ：50～80cm
環境：落葉広葉樹の樹上に少

果実　2019.12.21

2015.12.22

マツグミ

松茱萸　オオバヤドリギ科

Taxillus kaempferi

半寄生の常緑小低木。茎は褐色でよく分枝する。葉はふつう対生し、葉身は長さ1.5～3cmの倒披針形から長楕円形。花は両性、葉腋に赤い筒状の花をつける。花冠は長さ約1.5cm、先は４裂して反り返る。果実は径約5mmの液果で赤く熟す。

花期：7～8月
果期：3～5月
高さ：30～50cm
環境：マツやモミの樹上に稀

果実　2016.2.3

2016.8.10

高木の花

高木（高さ10 m以上になるもの）のうち、特に花の目立つものを高木の花として、常緑樹と落葉樹に分けて紹介した。サクラの花とカエデの仲間は似たものが多く、それぞれを集めて掲載した。ブナやコナラなど、森林を構成する優占種は「高尾山の森林」の項（P.166 ～ P.173）で紹介したので、そちらも参照して欲しい。

2011.4.14

ヤブツバキ

薮椿　ツバキ科　*Camellia japonica*

常緑小高木。葉柄は長さ1～2cm、葉身は長楕円形で長さ5～10cm、縁には細かい鋸歯があり、全体に無毛。花弁はふつう5個で基部は合着し、多数の雄しべも基部が合着して花弁とともに落ちる。果実は球形で径4～5cm、裂開して大型の種子を出す。ツバキはヤブツバキの栽培種で、一重咲きや八重咲きなど多数の園芸品種がある。

花期：12～4月　果期：秋
高さ：4～10 m
環境：山麓の樹林内に多

2017.3.25
果実　2013.11.6

シキミ

樒　マツブサ科　*Illicium anisatum*

常緑小高木。枝や葉などを傷つけると甘い香りがするが有毒植物である。葉は互生するが、枝先に集まってつき、葉身は長さ4～10cm、全縁、下面は側脈がほとんど見えず、透かすと油点が見える。花は両性、黄白色で花弁と萼の区別がない。果実は猛毒、8角形状で割れて光沢のある種子が顔を出す。

花期：3～4月　果期：9～10月
高さ：3～7m
環境：常緑広葉樹林やモミ林内などにやや多

ヒサカキ

姫榊　サカキ科

Eurya japonica

常緑小高木。葉は互生、葉柄は長さ2～4mm、葉身は長さ3～8cm、縁には先の鈍い鋸歯があり、全体に無毛。雌雄異株。葉腋に径3～5mmの壺形の黄白色花を下向きにつける。花は人によって感じ方が異なるが異臭がある。果実は径約5mmの球形の液果で黒く熟す。関東地方ではサカキの代用品として使われる。

花期：3～4月
果期：10～12月
高さ：3～10m
環境：シイ・カシ帯の樹林内に多

雌株　2014.3.31

果実　2014.11.2

サカキ

榊　サカキ科

Cleyera japonica

常緑小高木。鎌形に曲がった冬芽をつける。葉は2列に互生、葉柄は長さ5～10mm、葉身は長さ7～12cm、縁に鋸歯はなく、下面は側脈がほとんど見えない。花は両性、径約1.5cm、花弁は5個ではじめ白色、後に黄色を帯び、雄しべは多数。果実は径7～8mmの球形の液果で、先に花柱が残り黒く熟す。枝や葉を神事に用いる。

花期：6～7月
果期：11～12月
高さ：3～10m
環境：常緑樹林内に少

2017.6.17

果実　2015.11.20

雌花と果実　2013.11.16

雄花　2012.11.3

シロダモ

白梻　クスノキ科

Neolitsea sericea

常緑小高木。葉は互生、枝の上部ではときに輪生状になり、葉柄は長さ2～3cm、葉身は長さ7～15cm、3行の脈が顕著で、下面は粉白色。芽吹き時には若葉に黄金色の絹状毛が密生し美しい。雌雄異株。葉腋に黄白色花を雄花では多数、雌花ではやや疎らにつける。果実は長さ1.5cmほどの楕円形の液果で赤く熟す。

花期：10～11月
果期：翌年の10～11月
高さ：8～15m
環境：樹林内に多

2013.11.21

果実　2017.6.17

ヒイラギ

柊　モクセイ科

Osmanthus heterophyllus

常緑小高木。若い枝や葉柄には微細な突起毛がある。葉は対生、葉身は長さ3～7cm、成木の葉は全縁、若木の葉には数個の刺がある。雄株と両性花をつける株がある。花は葉腋につき、白色で良い香りがあり、花冠の裂片は反り返り、雄しべは2本で長く突き出る。果実は長さ1.5cmほどの楕円形で黒紫色に熟す。

花期：11月
果期：6～7月
高さ：3～8m
環境：樹林内に多

コブシ

辛夷　モクレン科　*Magnolia kobus*

落葉高木。花芽は大きく白色の長軟毛に被われる。花は葉の展開前に咲き、両性、緑色の小さな萼片３個と白色で大きな花弁が６個ある。開花と同時に花の下に小さい葉が１個出る。果実は長さ５～10cmの集合果で裂開して赤い種子が糸でぶらさがる。

花期：3～4月　果期：10月
高さ：10～15m　環境：雑木林に少

2015.3.29

果実　2013.9.7

フサザクラ

房桜　フサザクラ科　*Euptelea polyandra*

落葉小高木。葉は互生、３～7cmの長い葉柄があり、葉身は広卵形で先は尾状に突出し、縁には不規則な粗い鋸歯がある。花は葉の展開前に咲き、両性で萼や花弁はなく、暗赤色の雄しべが目立つ。果実はゴルフクラブの先に似た形の翼果で柄があってぶら下がる。

花期：3～4月　果期：10月
高さ：7～15m　環境：沢沿いに多

1989.5.4

2012.4.6

マルバアオダモ

丸葉青梻　モクセイ科　*Fraxinus sieboldiana*

落葉小高木。若い枝、葉柄、花序柄などに微細な粉状毛がある。葉は対生、３～５小葉からなる羽状複葉で、小葉は全縁または目立たない低鋸歯がある。新枝の先に円錐花序をつけ、白色花を多数つける。果実は長さ２～3cmの倒披針形の翼果。

花期：4月　果期：6～7月
高さ：5～15m　環境：雑木林に多

2016.4.20

果実　2016.6.10

2017.5.2

オニグルミ

鬼胡桃　クルミ科

Juglans mandshurica* var. *sachalinensis

落葉高木。1年枝は太く、冬芽は褐色の短毛が密生し、葉痕はT字形。葉は互生、奇数羽状複葉は長さ40～60cm、小葉は5～9対あり、下面は星状毛が密生する。雄花序は垂れ下がり、長さ10～30cm。雌花序は直立し、赤色の柱頭が目立つ。果実は硬く、緑色で肉質の苞に包まれる。

果実　2015.7.25

花期：5月
果期：9～10月
高さ：5～10m
環境：河川敷などに多

トチノキ

栃の木　ムクロジ科

Aesculus turbinata

落葉高木。樹皮は黒褐色、大木では縦に剝れる。冬芽は頂芽が発達し樹脂でべとつく。葉は対生，掌状複葉で5～9小葉よりなり，小葉は鋸歯縁、下面脈上と脈腋に赤褐色の軟毛がある。総状花序は上部に雄花、下部に両性花をつける。果実は径3～5cmの球形、3裂し、黒褐色の種子を出す。

2014.5.20

果実　2015.9.15

花期：5月
果期：9月
高さ：20～30m
環境：渓流沿いに稀

エゴノキ

エゴノキ科

Styrax japonicus

落葉小高木。樹皮は暗紫褐色で平滑。冬芽は背中に副芽があり、褐色の星状毛に被われ、若い枝や新葉にも星状毛が残る。葉は互生、菱状卵形で長さ4～8cm、下面は脈腋に毛がある。花は径約2.5cmの白色、長い柄があって下向きに咲く。果実は長さ1.5cmほどの卵球形。

花期：5月
果期：8～9月
高さ：5～10m
環境：雑木林や谷筋の斜面林に多

2016.5.15

果実　2015.7.23

ミズキ

水木　ミズキ科

Cornus controversa

落葉高木。長枝を水平に長く伸ばし、短枝を上に出すため、扇を広げたような独特の樹形になる。冬芽は長卵形で赤く、5～6枚の芽鱗がある。葉は互生し、6～9対の側脈が弧を描いて目立ち、下面は白色を帯び、先が左右に分かれたT字状の伏した毛がある。果実は径6～7mmの球形で黒く熟し，熟す頃には果枝も赤く色づく。

花期：5月
果期：8～10月
高さ：10～20m
環境：雑木林や谷筋の斜面林に多

2013.5.4

果実　2013.10.9

2015.6.10

クマノミズキ

熊野水木　ミズキ科

Cornus macrophylla

落葉高木。樹形、葉形、散房花序、4個の花弁と4個の雄しべをもつ花、果実などはミズキによく似るが、葉は対生し、1年枝には稜があり、冬芽は黒褐色の伏毛に被われ芽鱗がない。葉の下面にあるT字状毛はミズキよりも一回り細かく、花はミズキよりも少し黄色を帯びる。

花期：6月
果期：8～10月
高さ：8～15m
環境：雑木林や谷筋の斜面林に多

2018.5.6

果実　2017.10.4

ホオノキ

朴の木　モクレン科

Magnolia obovata

落葉高木。若い枝には葉痕から枝を1周する托葉痕がある。冬芽は大きく、托葉と葉柄が合着して袋状になった芽鱗に包まれる。葉身は20～40cmあり、日本産樹木のうち単葉では最大である。花は両性、径約15cmあり、花被片は9～12個で下方の3個は萼状。雄しべと雌しべは多数がらせん状に配列。集合果は円柱状で赤褐色、長さ10～15cm。

花期：5～6月
果期：9～11月
高さ：5～10m
環境：雑木林に多

オオバアサガラ

大葉麻殻　エゴノキ科　*Pterostyrax hispidus*

落葉小高木。葉は互生し、楕円形で長さ 10 ～ 20cm、質薄く、縁には微鋸歯があり、側脈は 7 ～ 10 対、下面は灰白色で微細な星状毛があり、網状脈まで隆起する。総状花序は下垂し、雄しべは花冠より突き出る。果実は萼に包まれ、淡褐色の長毛が密生する。

花期：6 月　果期：8 ～ 9 月
高さ：5～10m　環境：沢沿いの樹林内に少

2012.5.31

ヤマボウシ

山法師　ミズキ科　*Cornus kousa*

落葉高木。葉は対生、葉身は楕円形～卵円形で全縁、4 ～ 5 対の側脈があり、下面脈腋に褐色の毛がある。球形の頭状花序は基部に 4 枚の白色の大きな総苞片がある。花は両性で淡黄色で小さい。頭状花序は花後に径 1 ～ 1.5cm の球形の複合果となり赤く熟す。

花期：6月　果期：9～10月　高さ：5～15m
環境：標高の高いところに多

2015.5.25

果実　2015.10.20

ヤマグワ

山桑　クワ科　*Morus australis*

落葉高木。葉の上面は微細な突起があってざらつく。雌雄異株。雌花序は花後、花被片が肉質になって子房を包み、長さ 1 ～ 1.5cm の複合果（クワ状果）となり、黒く熟す。長い花柱は花被片の間から突出する。マグワでは花柱が短い。

花期：4 ～ 5 月　果期：6 ～ 7 月
高さ：5 ～ 15m
環境：谷筋などの肥沃なところに多

果実　2015.5.25

マグワ　果実
2016.5.24

2016.6.4

果実　2015.10.18

アワブキ

泡吹　アワブキ科

Meliosma myriantha

落葉高木。冬芽は頂芽が発達し、葉が畳まれた裸芽で褐色の毛に被われる。葉は互生するが、枝先に集まってつく。葉身は長さ10～30cm、側脈は20～30対あり直線状で目立つ。花は両性。枝先に大きな円錐花序をつけ、小さな淡黄白色花を多数つける。果実は径4～5mmの球形で赤く熟す。

花期：6月
果期：9～10月
高さ：5～15m
環境：雑木林に多

2014.6.26

ネムノキ

合歓の木　マメ科

Albizia julibrissin

落葉高木。枝は暗褐色でジグザクに曲がり、冬芽は葉痕に隠れる。葉は2回偶数羽状複葉で長さ20～30cm、長さ7～12対の羽片が対生し、羽片には15～30対の小葉がつく。小葉は包丁形で長さ1～2cm、就眠運動（暗くなると閉じる）をする。花冠は短く、長く突き出す花糸は赤く美しい。豆果は偏平で長さ10～15cmになる。

花期：6～7月
果期：10～12月
高さ：5～15m
環境：山麓の河畔林などに多

アカメガシワ

赤芽柏　トウダイグサ科
Mallotus japonicus

落葉高木。冬芽は星状毛に被われる。芽だしは赤く、紙に押し付けると葉の形に赤く染まる。葉は卵形～広卵形で縁は波打ち、両面に星状毛があり、下面には細かい腺点が密生し、葉身基部に1対の蜜腺がある。雌雄異株。花には花弁がなく、雄花は多数の雄しべが目立ち、雌花では3岐する柱頭が目立つ。果実は熟すと割れて黒い種子を出す。

花期：6～7月
果期：9～10月
高さ：5～15m
環境：林縁に多

雄株　2013.6.6
芽出し　2019.4.9

リョウブ

令法　リョウブ科
Clethra barbinervis

落葉小高木。樹皮は滑らかだがよくはげ落ち、黄褐色と灰褐色のまだら模様となり目立つ。冬芽ははじめ芽鱗に包まれるが、途中で芽鱗が落ちる。葉は長楕円形で長さ6～15cm、縁には鋭い単鋸歯がある。花は両性。枝先に長さ10～20cmの総状花序を伸ばし、白色の小さな5弁花を多数つける。果実は褐色に熟して割れ、種子は細かい。

花期：6～8月
果期：10～12月
高さ：5～10m
環境：乾いた尾根や林縁に多

2013.6.30
樹皮　2013.6.30

果実　2013.10.19

2015.6.25

ケンポナシ

玄圃梨　クロウメモドキ科

Hovenia dulcis

落葉高木。葉は右右左左のように2葉ずつ交互に互生し、冬芽は先の葉痕の腋につき、基部よりの葉痕にはない。葉身は卵形で長さ10～20cm、縁には細鋸歯があり、基部から3行脈があり、葉柄上端に3～6個の小さな腺体がある。花は両性、腋生の集散花序に緑白色の小さな花をつける。果時に花柄は肥厚して肉質となり、梨の味がする。

花期：6～7月
果期：9～10月
高さ：10～20m
環境：林縁にやや稀

果実　2016.12.3

冬芽と刺　2018.1.10

ハリギリ

針桐　ウコギ科

Kalopanax septemlobus

落葉高木。樹皮は灰褐色で縦に深い割れ目がある。枝や幹には鋭い刺がある。葉は互生、葉柄は長さ10～30cm、葉身は5～7中裂し、裂片の縁には細かい鋭鋸歯があり、下面脈腋付近に毛がある。枝先に大型の複散形花序を出し、球形の小花序に黄緑色の小さな花を多数つける。果実は径約5mmの液果で黒く熟す。

花期：7～8月　果期：11～12月
高さ：15～25m
環境：シイ・カシ帯からブナ帯まで多

カラスザンショウ

烏山椒　ミカン科

Zanthoxylum ailanthoides

落葉高木。樹皮は灰褐色、枝や幹には扁平な３角形の刺がある。葉は互生し、枝の上部に集まってつき、奇数羽状複葉で長さ30～80cm。小葉は７～15対、下面は粉白色で全面に油点がある。雌雄異株。枝先に大きな円錐花序を出し、黄緑色の小さな花を多数つける。果実は３分果に分かれ、裂開して黒い種子を出す。

花期：7～8月
果期：11～12月
高さ：10～15m
環境：山麓にやや少

果実と黄葉　2015.11.26

2016.7.10

イイギリ

飯桐　ヤナギ科

Idesia polycarpa

落葉高木。葉は互生、卵心形で５～７の掌状脈があり、鋸歯縁、下面は粉白を帯びる。葉柄は長さ６～17cm、上端に２個の腺体があり、若木の葉では柄の基部近くにも腺体がある。雌雄異株。枝先から長さ20～30cmの円錐花序を出し、黄緑色の小さな花をつける。果実は径８～10mmの球形で赤く熟し、ブドウの房状にぶら下がる。

花期：5月　果期：10～11月
高さ：10～15m
環境：北斜面など湿り気のある樹林内に少

果実　2015.11.1

雄花　2013.5.21

サクラの仲間

サクラ属は春の芽吹きとともに花が咲く。標高の低い高尾山や小仏山地ではサクラ前線は5月の連休までに山頂に登りつめてしまう。野生のサクラではヤマザクラとカスミザクラが多く、植栽されたソメイヨシノも多い。ウワミズザクラ属はサクラ属に含めることもあるが、すっかり葉が開いた後にブラシ状の総状花序に多数の白色花をつける。サクラ属とウワミズザクラ属の樹木は独特の樹皮や葉身基部または葉柄上部に2個の蜜腺があることからそれとわかるが、互いによく似ているので正確に見分けるのは結構難しい。

ヤマザクラ

2014.4.11

果実　2017.6.6

ヤマザクラ

山桜　バラ科

Cerasus jamasakura

落葉高木。樹皮は暗褐色で横に長い皮目がある。冬芽が無毛で芽鱗の先が少し開く。開花と同時に葉が展開し、葉は展葉時にふつう赤褐色を帯びる。成葉は両面ともに無毛で下面は白色を帯びる。花は径約3cm、萼は無毛、筒部は細長く、萼片は披針形で鋸歯がなく鋭頭。稀に花柄や葉柄が有毛のものがあり、カスミザクラと混同されることがある。

花期：4月
果期：5～6月
高さ：10～25m
環境：常緑広葉樹林や雑木林内に多

カスミザクラ

霞桜　バラ科

Cerasus leveilleana

落葉高木。冬芽は無毛で芽鱗の先は開かない。開花と同時に葉が展開し、葉柄や花柄が有毛。葉身の上面主脈とその周辺が無毛なことと、下面が淡緑色で光沢があることでヤマザクラの有毛品と区別できる。花は径 2 ～ 3cm、萼筒は無毛または有毛、萼片は披針形で鋸歯がなく鋭頭、花柱は無毛。

花期：4 月
果期：6 月
高さ：10 ～ 20m
環境：ヤマザクラよりも標高の高い所にやや少

2019.4.19

2006.4.14

マメザクラ

豆桜　バラ科

Cerasus incisa

落葉小高木。樹皮は暗灰色で楕円形の皮目が点在。葉の展開前に花が咲く。葉柄はふつう有毛、葉身は小さく長さ 2 ～ 5cm、縁は欠刻状の重鋸歯があり、葉身基部に蜜腺がある。花は下を向いて咲き、径約 2cm、花柄はふつう有毛、萼片は卵形で鋸歯はなく先は鈍い。花柱は無毛。

花期：4 月
果期：6 月
高さ：3 ～ 8m
環境：シイ・カシ帯上部からブナ帯に少

2017.4.6

2017.3.25

2017.4.6

チョウジザクラ

丁字桜　バラ科
Cerasus apetala

落葉小高木。葉柄や葉身には開出毛が密生してビロード状、葉の縁には重鋸歯がある。花は径約1.5cm、花柄や萼は有毛で粘る。萼筒は長さ約1cm。

花期：4月　果期：6月
高さ：3～6m　環境：シイ・カシ帯上部からブナ帯に少

2017.4.6

エドヒガン

江戸彼岸　バラ科　*Cerasus itosakura*

落葉高木。葉身は長楕円形で有毛、側脈は12～15対あり目立つ。花は径約2.5cm、花柄や萼は有毛。萼筒は壺形で基部が膨らむ。しだれ桜は本種の栽培品種。

花期：4月　果期：5～6月
高さ：15～20m
環境：野生のものは岩場などに稀、人里には植栽が多

2015.4.6

ソメイヨシノ

染井吉野　バラ科
Cerasus ×yedoensis
'Somei-yoshino'

落葉高木。エドヒガンとオオシマザクラの雑種に由来する園芸品種。花が大きく、展葉前に花が咲く。

花期：4月　果期：5～6月
高さ：10～15m　環境：栽培植物であるが、山頂や道路沿いなど、山中にも植栽されることがある

ウワミズザクラ

上溝桜　バラ科

Padus grayana

落葉高木。樹皮は灰褐色で横に長い皮目がある。1年枝は紫褐色で冬芽は濃褐色、側枝が秋に落ち、大きな落枝痕が目立つ。葉は下面主脈の基部付近に軟毛があるほかは無毛、縁の鋸歯は開出気味。展葉後に開花し、長さ8～15cmの総状花序に径約6mmの白色花を多数つけ、花序の下部に3～5個の葉をつける。

花期：4月下旬～5月
果期：8～9月
高さ：15～20m
環境：雑木林内などに多

2014.4.19

果実　2016.8.3

イヌザクラ

犬桜　バラ科

Padus buergeriana

落葉高木。樹皮は灰白色で横の皮目がある。1年枝は灰白色で冬芽が赤く光沢があり、落枝痕はない。葉は下面脈腋に軟毛がある他は無毛、縁の鋸歯は先が内曲し、葉の縁が波打つ。展葉後に開花し、長さ5～10cmの総状花序に径約6mmの淡黄白色花を多数つけ、花序の下部に葉はつけない。

花期：4月下旬～5月
果期：7～9月
高さ：10～15m
環境：谷筋にやや稀

2014.5.1

カエデの仲間

カエデ属は春の芽出しや小さいながらも彩のある花をつけ、秋の紅葉・黄葉など四季を通じて楽しむことができる落葉広葉樹である。葉は対生し、イロハモミジのように掌状に分裂した葉やミツデカエデやメグスリノキのように3出複葉をもつものが多い。果実は翼果で、2個の分果に分かれ、プロペラのように回転して落ちる。雌雄同株で雄花と両性花を同一花序につけるものと雌雄異株のものがある。高尾山や小仏山地ではここで紹介する11種のほか、ホソエカエデとアサノハカエデが稀に見られる。

オオモミジ

イロハモミジ

いろは紅葉　ムクロジ科

Acer palmatum

落葉高木。若い枝は紅色を帯び、冬芽は紅色で枝先に2個並び、基部のまぶた状の鱗片はきわめて短く縁に毛列がある。葉は掌状に5～7裂し、裂片の縁には粗い重鋸歯があり、下面脈腋を除いて無毛。散房花序を下垂し、雄花と両性花をつける。翼果はほぼ水平に開き、分果は長さ約1.5cm。

2016.4.23

紅葉と果実
2014.11.30

花期：4月
果期：7～9月
高さ：10～15m
環境：谷筋などに多

オオモミジ

大紅葉　ムクロジ科

Acer amoenum

落葉高木。全体にイロハモミジによく似ている。冬芽は基部1/4ほどが黄褐色のまぶた状の鱗片に包まれること、掌状葉の裂片が幅広く、イロハモミジに比べて鋸歯が単鋸歯で細かいこと、分果は長さ2～2.5cmとやや大きいことなどが異なる。

花期：4月
果期：7～9月
高さ：5～15m
環境：谷筋などに多

若い果実　2018.5.6

2015.4.16

ハウチワカエデ

葉団扇楓　ムクロジ科

Acer japonicum

落葉高木。冬芽は紅色で枝先に2個並び、基部にまぶた状の鱗片がある。葉身は掌状に9～11裂し、長さ7～12cmと大きく、芽吹きの頃には白毛が密生する。葉柄は長さ2～4cm、葉身の1/2以下で有毛。散房花序を下垂し、雄花と両性花をつける。翼果は水平から鈍角に開く。

花期：4月
果期：7～9月
高さ：5～10m
環境：標高の高い所にやや少

紅葉　2014.11.30

2017.4.12

2015.12.1

コハウチワカエデ

小葉団扇楓　ムクロジ科

Acer sieboldianum

落葉高木。冬芽は紅色で枝先に2個並び、基部にまぶた状の鱗片がある。若い枝や葉柄が有毛なのが特徴。葉身は掌状に9～11裂し、長さ5～8cm。葉柄は葉身と同長または2/3以上の長さがある。散房花序を下垂し、雄花と両性花をつける。翼果はほぼ水平に開く。

花期：4月
果期：7～9月
高さ：10～15m
環境：谷筋などにやや少

2015.4.12

果実　2014.11.21

イタヤカエデ

板屋楓　ムクロジ科

Acer pictum

落葉高木。冬芽は紅色の頂芽をつけ、外側の4～6対の芽鱗が見える。葉は掌状に5～9裂し、裂片に鋸歯がない。葉の形に変化が多く、葉が深く切れ込むエンコウカエデ、その下面主脈上に毛があるウラゲエンコウカエデ、葉が浅裂して下面全体に短毛のあるオニイタヤ、葉が浅裂して基部脈腋に密毛のあるモトゲイタヤがある。

花期：4月
果期：9～10月
高さ：15～20m
環境：谷筋に多

カジカエデ

梶楓　ムクロジ科

Acer diabolicum

落葉高木。冬芽は褐色の頂芽をつけ、多数の芽鱗が十字対生に並ぶ。葉柄は長く、葉身は長さ6～15cm、掌状に5中裂して裂片には粗い鋸歯がある。雌雄異株。雄花は赤く多数つくので目立つが、雌花は花数も少なく目立たない。翼果は褐色でほとんど開かず有毛、分果は長さ2.5～3cm。

花期：4月
果期：9～10月
高さ：10～15m
環境：雑木林などに少

雄株　15.4.2

果実　2014.9.12

ウリハダカエデ

瓜膚楓　ムクロジ科

Acer rufinerve

落葉高木。若木の樹皮は暗緑色で黒い縦縞模様と菱形の皮目がある。冬芽は紅色の頂芽をつけ、外側の1対の芽鱗のみが見える。葉は3～5浅裂して5角形状、下面脈腋に褐色の毛叢がある。雌雄異株。総状花序を下垂し、淡黄色花を多数つける。翼果は直角に開く。ホソエカエデは葉形が似るが、葉の下面脈腋に膜がある。

花期：5月
果期：8～10月
高さ：5～10m
環境：肥沃な谷筋に少

果実　1989.9.30

雄株　1999.5.17

2016.11.30

ウリカエデ

瓜楓　ムクロジ科

Acer crataegifolium

落葉小高木。樹皮は緑色で黒い縦筋があり、マクワウリの果皮に似る。冬芽は紅色の頂芽をつけ、外側の1対の芽鱗が見える。葉は3浅裂ときに分裂せず、裂片には不揃いな鋸歯がある。雌雄異株。総状花序を下垂し、黄色花を10個ぐらいつける。翼果は赤色を帯び無毛、ほぼ水平に開き、分果は長さ約2cm。

花期：4～5月
果期：6～10月
高さ：5～10m
環境：乾いた尾根筋や斜面にやや少

2013.12.1

果実　2016.10.21

メグスリノキ

目薬の木　ムクロジ科

Acer maximowiczianum

落葉高木。冬芽は褐色の頂芽をつけ、枝と共に灰白色の毛があり、多数の芽鱗が十字対生する。葉は3出複葉、葉柄は長さ2～3cmで開出毛を密生し、小葉は長さ5～12cm。雌雄異株。雄花序は3～5個、雌花序は1～3個の黄緑色花を散形につける。翼果は直角から鈍角に開き、分果は長さ4～5cmで黄褐色毛を密生。

花期：4～5月
果期：8～10月
高さ：10～20m
環境：谷筋や斜面に少

ミツデカエデ

三手楓　ムクロジ科

Acer cissifolium

落葉小高木。冬芽は紅色の頂芽をつけ、外側の1対の芽鱗が見え、若い枝と共に白色短毛がある。葉は3出複葉、葉柄は紅色で有毛、長さ3～8cm、小葉は長さ4～8cmで先半分に粗い鋸歯がある。雌雄異株。総状花序を下垂し、黄色花を20～50個つける。翼果は鋭角に開き、分果は長さ2.5～3cm。

花期：4～5月
果期：7～10月
高さ：8～10m
環境：谷筋や斜面にやや多

雄株　2015.4.25

若い果実　2013.6.25

チドリノキ

千鳥の木　ムクロジ科

Acer carpinifolium

落葉小高木。冬芽は紅色で枝先に2個並び、多数の芽鱗が十字対生に並ぶ。葉は単葉で重鋸歯縁、長さ7～15cm、平行する側脈が18～25対ある。雌雄異株。長さ5～8cmの総状花序を下垂し、淡黄色の花を5～15個つける。翼果はほぼ直角に開き、分果は長さ2.5～3cm。

花期：4～5月
果期：8～10月
高さ：8～10m
環境：谷筋や斜面に多

雄株　1999.5.9

果実　2015.8.19

【用語解説】

【あ】

1年草（いちねんそう）
春に発芽し、秋までに開花結実して枯れる草本。

羽状複葉（うじょうふくよう）
中軸の左右に複数の小葉が並んだ葉。→P9図（複葉）を参照

羽状裂（うじょうれつ）
葉が羽状に分裂した葉で、裂け方の深さにより、浅裂、中裂、深裂といい、各片を裂片という。

APG分類体系（えーぴーじーぶんるいたいけい）
DNAを用いた系統解析の結果を反映した被子植物の分類体系で、研究するグループ（Angiosperm Phylogeny Group）の頭文字がつけられた。

鋭尖頭（えいせんとう）
急に鋭く尖った先端。

液果（えきか）
熟したときに水分を多く含む果実。

越年草（えつねんそう）
秋に発芽して、冬を越して翌春に開花結実して枯れる草本。

エライオソーム
種子の付着物で軟らかく栄養に富んでいる。→カタクリを参照（P10）

円錐花序（えんすいかじょ）
総状花序の側枝が枝分かれし、全体が円錐状になった花序。→P9図（花序）を参照

雄しべ（おしべ）
雄性生殖器官で花粉を入れる葯と花糸からなる。→P9図（花の部位）を参照

【か】

外花被片（がいかひへん）花被片のうち花弁の外側にあるもの。→P9図（花の部位）萼、萼片を参照

塊茎（かいけい）
養分を貯蔵して肥大した地下茎。

開出粗毛（かいしゅつそもう）
立った粗い毛。

開出毛（かいしゅつもう）
立った毛。→伏毛

花芽（かが）
冬芽のうち花や花序のみを出す芽。

花冠（かかん）
複数の花弁をあわせた花の器官の名称。

萼（がく）
花被片のうち外側にあるもの。→P9図（花の部位）を参照

殻斗（かくと）
ブナ科の果実の全体または基部を被う椀状のもので、総苞が変化したもの。→総苞

萼筒（がくとう）
萼片が合着して筒状になった部分。

萼片（がくへん）
1枚の萼。→P9図（花の部位）を参照

萼裂片（がくれっぺん）
萼筒の先が複数に裂けたときの各片。

花茎（かけい）
花のみをつける茎。

花糸（かし）
雄しべの柄の部分。→P9図（花の部位）を参照

花序（かじょ）
茎につく花の配列状態。→P9図（花序）を参照

花床（かしょう）
花柄の先の雌しべ、雄しべ、花弁、萼がつく部分。花托ともいう。→P9図（花の部位）を参照
花穂（かすい）
穂のように咲く花。穂状花序を指すことが多い。
花托（かたく）
→花床→P9図（花の部位）を参照
花柱（かちゅう）
雌しべの子房と柱頭の間の部分。→P9図（花の部位）を参照
花被（かひ）・**花被片**（かひへん）
葉が変化したもので、雄しべや雌しべを囲むもの。萼や花弁のこと。→P9図（花の部位）を参照
花柄（かへい）
花または花序の柄の部分。→P9図（花の部位）を参照
花弁（かべん）
花びらのこと。花被片のうち、内側にあるもの。→P9図（花の部位）を参照
芽鱗（がりん）
冬芽の外側にある鱗状の葉で芽を保護。
冠毛（かんもう）
キク科植物の果実の頂につく毛状の突起で萼片が変化したもの。
偽球茎（ぎきゅうけい）
ラン科植物にみられる短くて太い茎。偽鱗茎ともいう。
気根（きこん）
空気中に伸ばす根。→イワガラミを参照（P211）
偽茎（ぎけい）
単子葉植物の葉鞘が重なった茎状の部分。→テンナンショウの仲間・解説を参照（P32）
基部（きぶ）
根本の部分。
旗弁（きべん）
マメ科の花弁で上側にあって大型のもの。→秋のマメ科植物・解説を参照（P134）
球茎（きゅうけい）
茎の基部が球状に肥大して養分を貯蔵したもの。→テンナンショウの仲間・解説を参照（P32）
距（きょ）
花弁や萼の基部が袋状にふくれて突き出たもので、蜜を分泌する。
鋸歯（きょし）
葉の縁にある鋸の歯のような切れ込み。切れ込みが浅いことを鋸歯が低いという。
群生（ぐんせい）
多数の植物体が群がって生えている様子。
茎葉（けいよう）
茎につく葉。
堅果（けんか）
熟しても割れない果実で、果皮が硬くて乾いたもの。
舷部（げんぶ）
筒状になった苞や花弁の先が広がった部分。→テンナンショウの仲間・解説を参照（P32）
広卵形（こうらんけい）
幅が広い卵形。
互生（ごせい）
葉や枝が互い違いにつくこと。
根茎（こんけい）
地下茎のうち、茎の主軸部分を指す。
根生（こんせい）
根元から出ること。
根生葉（こんせいよう）
茎の地面に近いところにつく葉。

茎が短く根生葉が放射状に地面に広がったものをロゼットという。

こん棒状（こんぼうじょう）
先が広がったこん棒に似た形。

【さ】

細歯牙（さいしが）
口の部分に歯のように並んだ細かい鋸歯。

さく果（さくか）
熟すと裂けて種子を出す果実。

3脈（さんみゃく）
3個の脈。中脈と基部の左右の脈が太くて目立つもの。

散形花序（さんけいかじょ）
総状花序の軸が伸びず、軸の頂端に放射状に花がつき、花柄が同じくらいの長さのもの。→P9図（花序）を参照

3出複葉（さんしゅつふくよう）
3個の小葉からなる複葉。→P9図（複葉）を参照

散房花序（さんぼうかじょ）
総状花序のうち、基部の花では柄が長く、上部の花では柄が短く、花序の頂が平らになるもの。→P9図（花序）を参照

子房（しぼう）
雌しべの基部にある膨らんだ部分で、受精して果実になる部分。→P9図（花の部位）を参照

雌雄異株（しゆういしゅ）
雄花をつける株と雌花をつける株が異なる場合。同一株に雄花と雌花の両方をつける場合を雌雄同株という。

集合果（しゅうごうか）
1つの花の複数の雌しべが、それぞれ発達して一塊になった果実。

集散花序（しゅうさんかじょ）
花序軸の先端に花がつき、次にその腋から伸びた枝先に花がつき、それを繰り返して咲き続ける花序。→P9図（花序）を参照

掌状脈（しょうじょうみゃく）
手のひら状に分岐した脈。

鞘状葉（しょうじょうよう）
単子葉植物の葉の基部は鞘状に茎を包むことが多いが、その葉身が退化したものを鞘状葉という。

小葉（しょうよう）
複葉を構成する1枚1枚の小さい葉。3枚の小葉を3小葉という。

心形（しんけい）
ハートの形。

心皮（しんぴ）
雌しべは1～数個の葉が合わさったもので、雌しべを作る葉のことを心皮という。

唇弁（しんべん）
ラン科、スミレ科、シソ科などの花は左右総称で、その下側にある花弁が唇形に広がったもの。

穂状花序（すいじょうかじょ）
下から上へ咲きながら伸びる花序のうち、柄のない花が穂状につくもの。→P9図（花序）を参照

数性（すうせい）
萼、花弁、雄しべなどの基本数。

星状毛（せいじょうもう）
1ヶ所から放射状に伸びた毛。

節果（せっか）
縫合線から裂けずに節で切れる豆果。→ヌスビトハギを参照（P138）

舌状花（ぜつじょうか）
キク科植物の小花のうち、先が片側にだけ開いて舌を出したように見える花。→秋のキク科植物・解

説を参照（P147）

全縁（ぜんえん）
葉などの縁に鋸歯や切れ込みがないこと。

腺体（せんたい）・**腺点**（せんてん）
蜜や粘液を分泌する器官を蜜腺といい、それが明らかな突起や付属物のときは腺体、小さな孔のときは腺点という。

腺に終わる（せんにおわる）
鋸歯や突起の先が腺体または腺点になること。

腺毛（せんもう）
蜜や粘液を分泌する毛。

浅裂（せんれつ）
浅く裂けた状態。浅く5つに裂けることを5浅裂という。

全裂（ぜんれつ）
基部まで裂けた状態。基部まで3つに分裂した状態を3全裂という。

痩果（そうか）
裂開しない果実で、果皮が薄く、乾いて種子に密着しているもの。

走出枝（そうしゅつし）
→匐枝（ふくし）を参照

総状花序（そうじょうかじょ）
下から上へ咲きながら伸びる花序のうち、柄のある花が穂状につくもの。→P9図（花序）を参照

叢生（そうせい）
植物の生え方で、同じ場所から多くの茎が立ち上がった状態。

総苞（そうほう）
花の基部にある葉を苞、花序全体の基部にあるものを総苞、その個々の葉を総苞片という。キク科では鱗片状の総苞片が集まって筒状になり、花序を包む。

総苞外片（そうほうがいへん）
総苞片のうち外側基部にあるもの。

草本（そうほん）
地上部がふつう1年で枯れる植物。

側小葉（そくしょうよう）
複葉の側方に出る小葉。

側生（そくせい）
側方に出ること。

側弁（そくべん）
左右相称花で側方に出る花弁。

【た】

袋果（たいか）
1個の葉に由来する雌しべからできる果実で、熟すと1本の線に沿って縦に裂ける。

対生（たいせい）
葉や枝が茎の1ヶ所に2個対になってつくもの。

抱く（だく）
葉の基部が茎を半ば取り巻く様子。

托葉（たくよう）
葉の付け根の両側にある葉片状の器官（葉柄基部の付属物）。→P9図（葉の部位）を参照

托葉鞘（たくようしょう）
托葉が鞘状になって茎を包んだもの。

多年草（たねんそう）
3年以上生存する草本。

単純毛（たんじゅんもう）
枝分かれなど、特殊な形態ではない普通の毛。

単生（たんせい）
1個ずつ着くこと。

柱頭（ちゅうとう）
雌しべの頂部の花粉がつくところ。→P9図（花の部位）を参照

中裂（ちゅうれつ）
半ばまで裂けた状態。半ばまで5つに裂けた状態を5中裂という。
頂小葉（ちょうしょうよう）
複葉の頂につく小葉。
頂生（ちょうせい）
枝などの頂に着くこと。
頭花（とうか）
キク科のように柄のない花が多数集まった花序が1個の花のように見えるもの。
豆果（とうか）
マメ科植物の果実。1個の心皮に由来する果実で、成熟すると2本の線に沿って裂ける。→秋のマメ科植物・解説を参照（P134）
冬芽（とうが）
冬を越して春に伸びる芽。
筒状花（とうじょうか）
キク科の筒状の小花。→秋のキク科植物・解説を参照（P147）

【な】
内花被片（ないかひへん）
花被片のうち内側にあるもの。→P9図（花の部位）花弁を参照。

【は】
杯状花序（はいじょうかじょ）
トウダイグサ属の特殊な花序。壺状の苞の中に雄しべ1個に退化した数個の雄花と、雌しべ1個の雌花が1つ入っている。苞の縁には腺体がある。→ナツトウダイ（P30）・タカトウダイ（P92）
花芽（はなめ）
→花芽（かが）を参照
披針形（ひしんけい）
細長く、先の方が狭くなった形。基部の方が狭くなったものを倒披針形という。
匐枝（ふくし）
横に這って節から根を出して繁殖する茎。走出枝ともいう。
伏毛（ふくもう）
伏した毛。
仏炎苞（ぶつえんほう）
偽茎の頂にある舷部と筒部からなる苞。→テンナンショウの仲間・解説を参照（P32）
不稔種子（ふねんしゅし）
発芽しない種子。
分果（ぶんか）
1個の果実が種子を出さずに、縦に複数の部分に分かれた各部分。
閉鎖花（へいさか）
開花せずに自家受粉して結実する花。
苞（ほう）・**苞葉**（ほうよう）
花の基部にあって花を保護する葉または葉が変化したもの。→P9図（葉の部位）を参照
匍匐（ほふく）
茎やつるなどが地面を這う状態。

【ま】
膜質（まくしつ）
薄くて膜のような性質。
脈腋（みゃくえき）
葉脈が分かれた先端側の腋。
むかご（むかご）
腋芽が養分を蓄えて肥大したもので、離れて植物体になる。
無柄（むへい）
葉柄や花柄などがほとんどないこと。
雌しべ（めしべ）
雌性生殖器官で、子房、花柱、柱頭からなる。→P9図（花の部位）

を参照

木本（もくほん）

樹木のことで、地上部が越冬し、茎が年々太っていく植物。

【や】

葯（やく）

雄しべの先端にある花粉の入れもの。→P9図（花の部位）を参照

矢筈形（やはずがた）

矢の弦を受ける端のような形。

有花茎（ゆうかけい）

花をつける茎。

優占種（ゆうせんしゅ）

植物群落の中でもっとも数が多い種。

油点（ゆてん）

葉などの細胞中に油滴があり、透けて見える小点。

葉腋（ようえき）

葉のつけ根の先端側の腋。

葉縁（ようえん）

葉の縁。

葉鞘（ようしょう）

葉の基部や葉柄が鞘状になって茎を包んでいる部分。

葉身（ようしん）

葉の平らな部分。→P9図（葉の部位）を参照

葉柄（ようへい）

葉の柄の部分。→P9図（葉の部位）を参照

葉脈（ようみゃく）

葉の網目状の構造で、水や養分の通り道。→P9図（葉の部位）を参照

翼（よく）

翼状またはひれ状に平たく張り出した部分。

翼弁（よくべん）

マメ科の竜骨弁を左右から挟む2個の花弁。→秋のマメ科植物・解説を参照（P134）

【ら・わ】

卵形（らんけい）

卵の縦断面の形。

卵心形（らんしんけい）

全体が卵形で、基部がハート形に湾入した形。

竜骨弁（りゅうこつべん）

マメ科の花弁で雄しべ群と雌しべを包むもの。→秋のマメ科植物・解説を参照（P134）

稜・稜角（りょう・りょうかく）

主として茎の角のことをいう。茎に稜がある・ない、3稜・4稜などという。

両性花（りょうせいか）

雄しべと雌しべの両方を持つ花。

鱗茎（りんけい）

タマネギのように養分を貯蔵して肥大した葉（鱗葉）が短い茎に多数つき芽を包んでいるもの。

輪生（りんせい）

葉が茎の1ヶ所に3個以上つくこと。

鱗片葉（りんぺんよう）

退化して鱗状になった葉。

ロゼット

茎が短く根生葉が放射状に地面に広がったもの。→根生葉（こんせいよう）を参照

湾入（わんにゅう）

湾のように入り込んだ形。

【索引】

本書でとりあげた項目の植物名をあげました。

※は項目にはないが、写真や解説文の中で紹介している植物名や別名です。

~おわりに~

この本を作るきっかけは、村川さんから高尾山の花の写真が揃っているので、本を作れないかと相談されたのが始まりでした。ちょうど有隣堂で『丹沢に咲く花』が出版されたときだったので、神奈川県に住むものとしては、将来、高尾山・小仏山地、丹沢、箱根の3つの山地の植物図鑑がそろったらいいなと考えました。高尾山や小仏山地での植物観察に少しでもお役に立てば幸いです。(勝山輝男)

この小著は、高尾山の植物を長年調査研究されている方々の資料を参考にさせていただき、私が数年かけて撮影して完成したものです。

種の同定、写真の選定、解説等、勝山輝男先生には大変ご苦労をおかけいたしました。心よりお礼申し上げます。(村川博實)

●参考文献

『改訂新版　日本の野生植物』1~5巻　平凡社
『山溪ハンディ図鑑　樹に咲く花』(全3巻)　山と溪谷社
『山溪ハンディ図鑑　山に咲く花』　山と溪谷社
『神奈川県植物誌 2018』　神奈川県植物誌調査会
丹沢自然保護協会編『丹沢に咲く花』　有隣堂
山田隆彦著『高尾山全植物』　文一総合出版
新井二郎著『大人の遠足ブック　高尾・奥多摩植物手帳』 JTBパブリッシング
菱山忠三郎著 『高尾山の花と木の図鑑』　主婦の友社

高尾山に咲く花

2021年3月22日　初版第1刷発行

定価はカバーに表示してあります。

著　者　勝山輝男/著　村川博實/写真
発行者　松信健太郎
発行所　株式会社　有隣堂
本　社　〒231-8623 横浜市中区伊勢佐木町1-4-1
出版部　〒244-8585 横浜市戸塚区品濃町881-16　電話 045-825-5563
印刷所　株式会社堀内印刷所
装丁・レイアウト　小林しおり

ISBN:978-4-89660-234-0　C2026